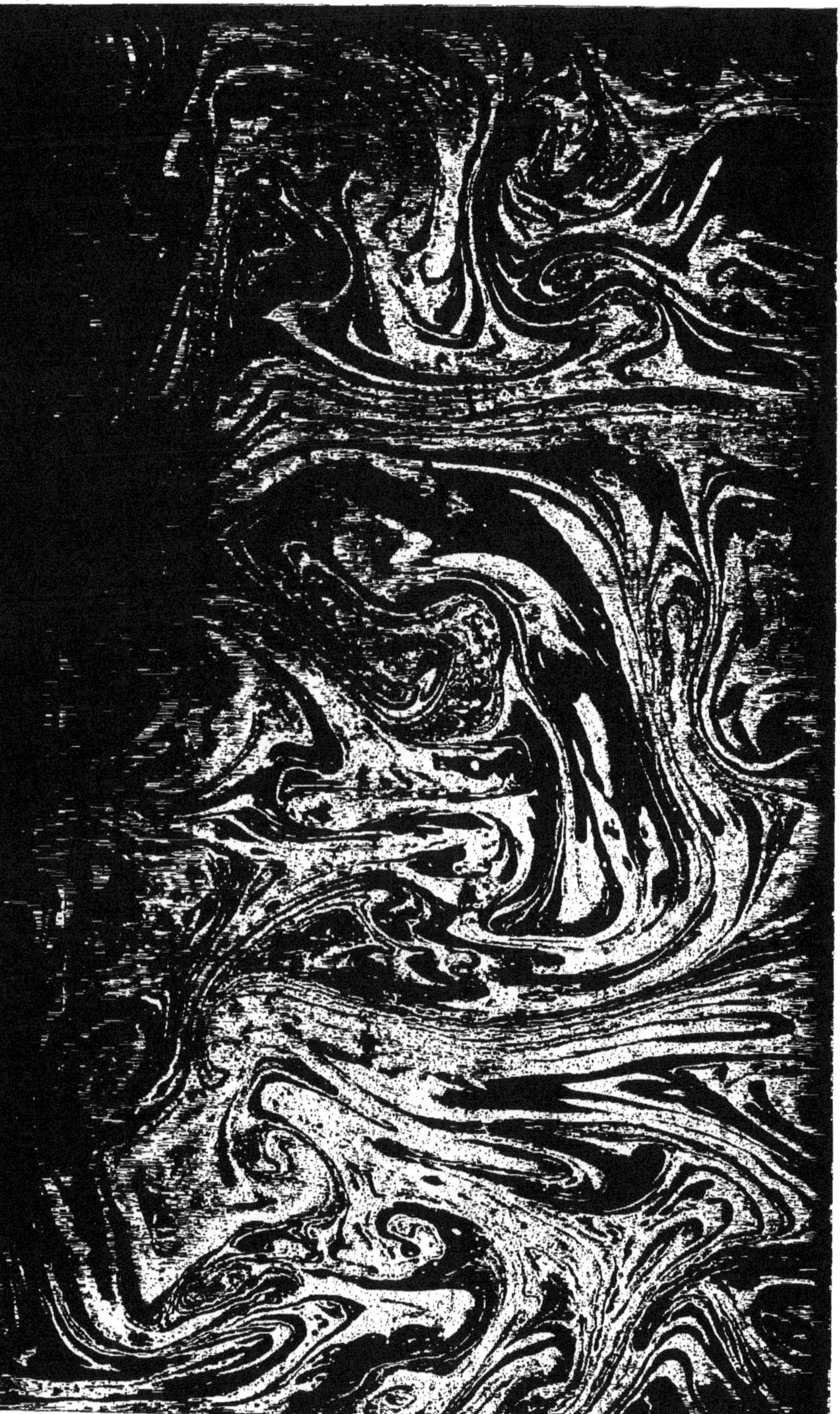

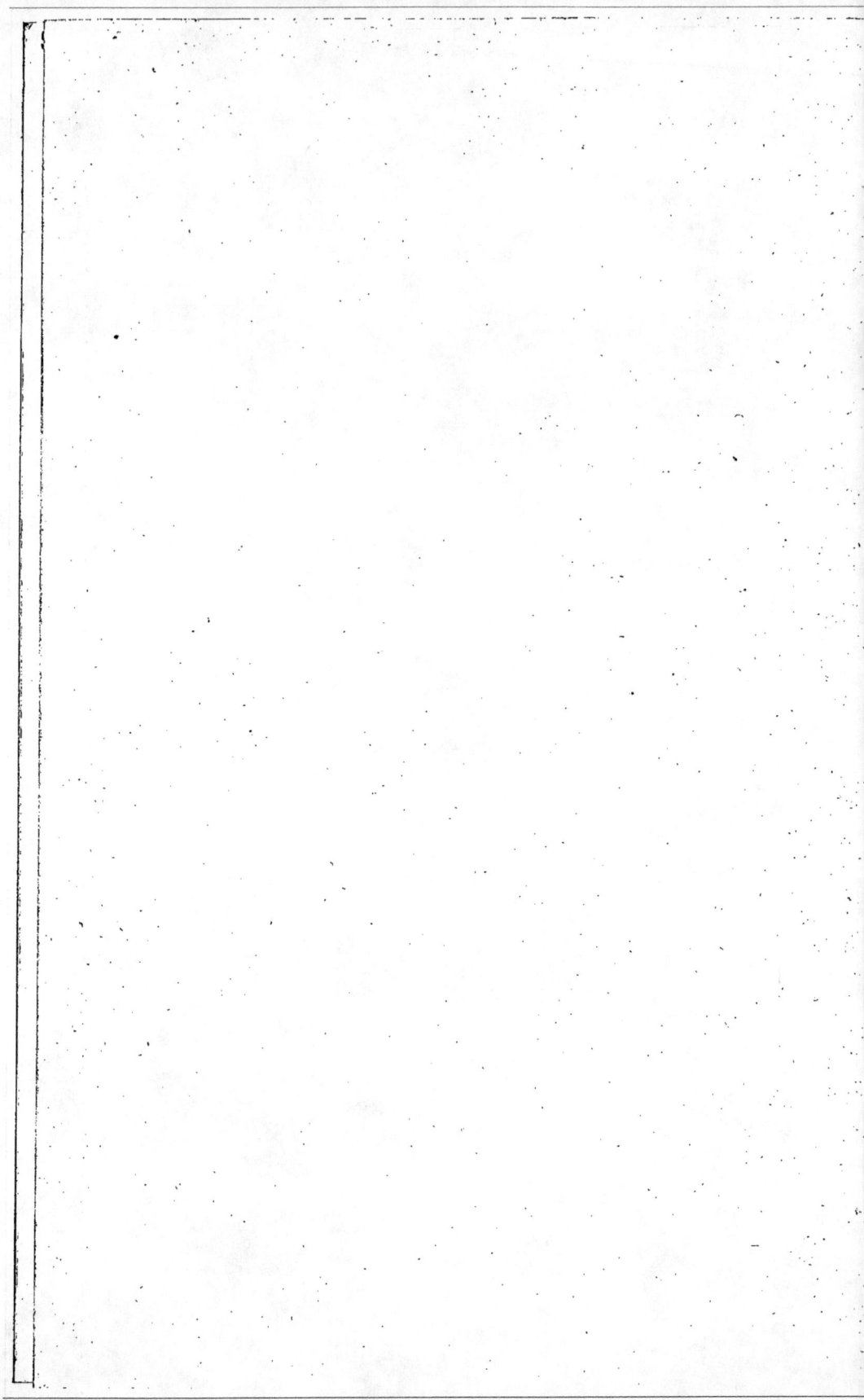

SOCIÉTÉ DES SCIENCES NATURELLES

DE SAÔNE-ET-LOIRE

CATALOGUE RAISONNÉ

DES

COLÉOPTÈRES DE SAONE-&-LOIRE

PAR L. FAUCONNET

Membre de la Société Entomologique de France

Et de la Société des Sciences Naturelles de Saône-et-Loire.

The delight is inexpressible of being able to follow, as it were, with your eyes, the marvellous works, of the Great Architect of nature; to trace the unbounded power and exquisite skill which are exhibited in the most minute, as wel as in the mightiest parts of his system.

(Brougham. Discours sur la Science).

CREUSOT

Imprimerie typ. et lith. G. MARTET, rue d'Autun, 46.

1887

SOCIÉTÉ DES SCIENCES NATURELLES

DE SAÔNE-ET-LOIRE

CATALOGUE RAISONNÉ

DES

COLÉOPTÈRES DE SAONE-&-LOIRE

PAR L. FAUCONNET

Membre de la Société Entomologique de France

Et de la Société des Sciences Naturelles de Saône-et-Loire.

CREUSOT

Imprimerie typ. et lith. G. MARTET, rue d'Autun, 46.

1887

Depuis quelques années, le goût de l'entomologie, en général, se développe en France, et l'étude des Coléoptères en particulier, a maintenant de nombreux adeptes.

Malheureusement, tous ne peuvent consacrer leur temps à la recherche et à l'étude des Coléoptères de l'ancien monde et même de la France, aussi, le plus grand nombre se contente de connaître à fond la Faune de sa région ou de son département.

« C'est dans nos départements, dit M. Fauvel, dans sa « Faune Gallo-Rhénanne, que se créent les collections lo- « cales si nécessaires à notre Faune générale. C'est là que se « forment, à l'école du travail et de la patience, ces obscurs « explorateurs, privés d'émulation, de livres et de matériaux « d'études; mais c'est là aussi que le naturaliste, sans cesse « en face du grand livre de la nature et occupé de son « œuvre, peut le plus librement en poursuivre le cours. Les « insectes placés dans ses cartons l'intéressent, surtout parce- « qu'ils viennent de sa province. Peu lui importe qu'une « espèce soit connue dans les neuf dixièmes de la France, il « n'a pas perdu sa journée, s'il découvre cette espèce chez « lui, pour la première fois.

« Ouvrez ses boîtes, vous y verrez, distingués avec un soin « minutieux les insectes de la contrée qu'il habite, il n'en a « pas de plus précieux; il connaît leurs mœurs, le temps, le « lieu, les circonstances de leur capture, il ne vous cachera « pas que ses sympathies sont pour sa *collection du pays.* « Ces collections autochthones méritent la plus sérieuse « attention, car sur elles repose l'avenir des Faunes natio- « nales. »

Depuis quinze ans, je collectionnais les Coléoptères de l'arrondissement d'Autun et j'avais recueilli de nombreuses notes sur leurs mœurs, leur habitat, leur rareté plus ou moins grande. M. le docteur de Montessus, président de la Société des Sciences naturelles de Chalon, m'ayant prié de les publier et de contribuer ainsi à faire connaître les richesses en histoire naturelle, que renferme notre département, j'ai pensé devoir faire appel au concours dévoué de tous nos collègues et donner ainsi le *Catalogue des Coléoptères* de Saône-et-Loire.

Notre pays est certes moins riche que beaucoup de contrées favorisées, telles que : les Pyrénées, les Alpes, les bords de la Méditerranée, les Cévennes, les bords de l'Océan; il renferme assurément moins de Coléoptères spéciaux, mais d'après le nombre des espèces publiées, on verra que notre département, touchant à la région centrale et à la région Lyonnaise, est encore assez bien partagé et fournit à la Faune française un certain contingent.

Si j'ai recueilli bien des notes personnelles, je dois beaucoup aussi à l'obligeance de mes collaborateurs. M. Marchal, du Creusot, avec son amabilité habituelle, a mis à ma disposition les longues listes de Coléoptères des environs du Creusot, qu'il a publiées dans le Bulletin de la Société, et son intéressante collection composée presque exclusivement d'espèces locales. M. Lacatte, directeur au grand séminaire d'Autun, mon premier maître en entomologie, m'a permis, avec cette bienveillance qui accompagne toujours la science, de puiser dans ses cartons des renseignements d'autant plus précieux, que depuis trente ans, il collectionne surtout les Coléoptères de l'Autunois. J'ai reçu de notre savant collègue, M. Peragallo, de Nice, à qui la science entomologique doit de belles et nombreuses découvertes, une longue liste de captures qu'il a faites, lorsqu'il habitait Chalon. M. l'abbé Viturat, entomologiste, si zélé et si dévoué, et M. Pic, qui fait des Longicornes sa spécialité, m'ont envoyé le catalogue des insectes rares qu'ils ont trouvés dans le Charollais. Je dois à M. Pierre, instituteur à St-Julien-de-Civry, de nombreux détails sur la Faune du même pays. Pour le

Mâconnais, j'ai eu la bonne fortune d'entrer en relations avec M. Guérin, et je tiens de lui une liste de ses captures.

M. J. Deseilligny et M. l'abbé Rousselot, de Mont-d'Arnaud, MM. Decœne, d'Issy-l'Evêque et Cartier, du Creusot, M. l'abbé Cornu, professeur au petit séminaire d'Autun, m'ont communiqué de nombreux renseignements, qui m'ont permis d'ajouter à mon catalogue bien des espèces encore inconnues dans le département.

Je remercie tous mes aimables collègues de leur bienveillance et de leur empressement à répondre à mon appel. Je ne dois pas de moindres remerciements à l'honorable Président et aux Membres de la Société d'Histoire naturelle de Chalon, qui ont bien voulu prendre sous leurs auspices, mon modeste travail.

Malgré le concours de tant de collègues dévoués, ce catalogue est encore bien incomplet : je les prie de bien vouloir me continuer leur appui précieux en me signalant les erreurs commises et en me mettant au courant de leurs découvertes futures. En publiant chaque année un supplément, où les erreurs seront rectifiées, où les nouvelles espèces trouvées seront ajoutées, nous arriverons un jour à posséder la Faune à peu près complète des Coléoptères de Saône-et-Loire.

Autun, 20 décembre 1886.

COLÉOPTÈRES

Cet ordre se compose d'insectes à deux paires d'ailes développées (à part quelques exceptions d'atrophie de l'une ou l'autre paire), dont les supérieures sont des étuis cornés ou élytres, impropres au vol, et dont les inférieures sont membraneuses, généralement plus larges et plus étendues que les élytres, et servent au vol. Les coléoptères présentent essentiellement le type des insectes broyeurs. On les divise en tribus, puis en familles, les familles en genres et les genres en espèces.

1re TRIBU. — SOLICOLES

Les coléoptères de cette tribu et ceux de la suivante sont carnassiers et se nourrissent d'insectes vivants : de puissantes pièces buccales leur permettent de dévorer rapidement leurs proies ; quelques carabiques sont très-utiles et débarrassent nos jardins des chenilles, vers de terre, limaces et escargots. Aussi ne peut-on que blâmer les horticulteurs maladroits qui se plaisent à détruire le *Carabe doré* par exemple. Leur éclosion a lieu au printemps et à l'automne.

Certaines espèces se rencontrent sur les plantes *(Lebia)*, d'autres sous les écorces *(Dromius)*, mais la pluspart se trouvent sous les pierres : plusieurs sont nocturnes ou crépusculaires.

1re FAMILLE CICINDELIDÆ.

Cicindela Lin.

Ces insectes ont un aspect élancé, leur vol est rapide : leurs pattes sont longues et leur course est agile. Ce sont des carnassiers chasseurs par excellence : *Cicindelidæ tigrides ex insectis,* a dit Linné. Les cicindèles aiment l'ardeur du soleil et recherchent les endroits chauds ; leurs couleurs sont vives et variées, et quelques espèces laissent échapper, quand on les prend, une odeur agréable.

Cicindela germanica. L. — Champs cultivés, prairies, bords de la Saône à Chalon ! Juin, juillet (CC). (Legras). Monte, près Saint-Julien-de-Civry, commun dans un pré (Pierre). Prairies de Mâcon, juillet et août (Guérin). Semur-en-Brionnais, terrains humides (A. Martin).

C. sylvatica L. — Semur-en-Brionnais (Martin).

C. campestris L. — On la trouve du printemps à l'automne dans les clairières des bois, les chemins sablonneux, les sentiers des plaines et des montagnes (C). Mâcon, Le Creusot, Autun à Montjeu ! Saint-Julien-de-Civry. (AR) (Pierre). Anost (Marchal).

C. hybrida L. — Se rencontre dans les mêmes localités, du 15 février à juillet, dans les terrains sablonneux des bois, au bord des rivières, dans les montagnes (AC).

2e TRIBU. — CARNASSIERS.

1re FAMILLE ELAPHRIDÆ.

Elaphrus F.

E. uliginosus L. — Avril à septembre, dans les marais, sur les atterrissements au bord des rivières, parfois au pied des arbres (R). Le Creusot, Antully ! près Autun.

E. *cupreus* Duft. — Bords des étangs et cours d'eau, courant sur le sable. Le Creusot. Bords de la Bourbince et Digoin, commun en juin (Pierre).

E. riparius L. — Se trouve dans les mêmes conditions que l'espèce précédente. Le Creusot. Mâcon, en septembre (Guérin). Marmagne ! Juin.

E. aureus Müll. — Le Creusot, rare; sur le sable au bord des étangs.

Blethisa Bon.

B. multipunctata L. — Assez commun à Chalon et Mâcon, à la suite des inondations de la Saône (Peragallo).

Notiophilus Dumér.

N. quadripunctatus Dej. (Syn. *punctulatus* Wesm.). — Le Creusot, sous les pierres et débris végétaux, endroits humides (R). Sous les feuilles mortes, toute l'année, St-Julien-de-Civry (Pierre).

N. biguttatus F. — Toute l'année dans les bois (C) et surtout l'hiver en tamisant les détritus et feuilles mortes. Autun! Le Creusot et environs.

N. palustris Duft. — Le Creusot (RR). Endroits humides, sous les pierres et débris végétaux.

N. rufipes Curt. — Toute l'année sous les feuilles mortes, les mousses, dans le terreau au pied des arbres, ou courant au soleil dans les terres labourées (C). Le Creusot, Marmagne, Autun! St-Julien-de-Civry (Pierre).

N. aquaticus L. (Syn. var. *semipunctatus* F.). — Se trouve à Mâcon, en mai (Guérin).

Omophron Latr.

O. limbatum F. — A partir de fin de mai, dans le sable des bords des rivières à Semur, et sur les bords de la Loire à Digoin (Abbé Viturat et Pierre).

2e FAMILLE CARABIDÆ.

Nebria Latr.

N. picicornis Latr. — Sous les pierres, dans les collines ou montagnes ou au bord des rivières. Avril à septembre (AC) Antully, près Autun!

N. brevicollis F. — Toute l'année, sous les pierres, au pied des arbres, dans les détritus et surtout dans les endroits frais (AC). Tous les environs d'Autun! St-Julien (Pierre).

Leïstus Frölich.

L. spinibarbis F. — Assez commun, toute l'année, sous les mousses, les pierres, les écorces, au pied des arbres. Autun! Montcenis, Chalon, commun au pied des arbres (Peragallo).— Trouvé en quantité sous les pierres, en avril, dans les bois de St-Julien et de St-Germain (Pierre).

L. fulvibarbis Dej. — Le Creusot (R), sous les pierres et les écorces. Mâcon, en juin (Guérin).

L. ferrugineus L. — Un seul exemplaire trouvé sous des écorces, au mois de mars, à Filhouse, près Autun! (RR).

Cychrus F.

C. rostratus F.— Toute l'année, sous les mousses, les pierres et les feuilles mortes, dans les bois humides. Peu commun. Autun! Montjeu! Roussillon! Marmagne! Digoin (Pierre).

C. attenuatus L. — Moins rare : Février à octobre, sous les mousses, les feuilles mortes et les pierres. Dans les grands bois de montagnes, on le rencontre souvent sur les routes l'été. Autun! Cussy! Anost! (Marchal).

Calosoma Web.

C. inquisitor L. — Creuse d'Auxy! près Autun. Collection de M. l'Abbé Lacatte (RR).

C. sycophanta L.— Il a été pris en grande quantité à Semur-en-Brionnais en 1869. Pendant toute la belle saison, il fut plus commun que le hanneton. L'année suivante on le trouva encore, mais moins communément, et la troisième année, il devint très-rare (Abbé Viturat). Cet insecte n'est pas rare à Chalon sur les haies habitées par les chenilles processionnaires et il est commun dans certains bois de jeunes chênes, dans les mêmes conditions. Il faut le manier avec de grandes précautions et surtout ne pas se toucher les yeux après l'avoir tenu dans les doigts : j'ai beaucoup souffert un certain jour (Peragallo). Pris en juin au bois de la Motte, près Digoin (Pierre). Trouvé une certaine année en famille nombreuse, sur un chêne, à Montjeu (Bazot). A Autun même, je n'ai capturé qu'un seul exemplaire, dans un jardin de la ville.

C'est un insecte très-utile, grand ravageur de chenilles, qu'il serait désirable de rencontrer plus fréquemment dans nos jardins.

C. indagator L. — Autun ! Mai 1885 (abbé Lacatte) (RR).

Carabus L.

C. catenulatus Scop. — Dans les bois, sous les mousses et les pierres, toute l'année. Assez commun partout. Sous les pierres à St-Julien, au mois de mai (Pierre). Autun, Creuse d'Auxy ! Forêt de Planoise !

C. monilis F. — Sous la mousse et les pierres l'hiver, plus rare l'été. A la suite des inondations, on trouve sur les digues au pied des arbres, à Chalon, de très-belles variétés, depuis le vert doré, jusqu'au bleu foncé (Peragallo). St-Julien, sous les pierres, dans les champs, depuis le mois d'avril. Bois des Feuillies, près Autun ! (Abbé Lacatte). Anost (Marchal).

C. cancellatus F. — Bois des Feuillies ! près Autun. Collection de M. l'Abbé Lacatte (AC). St-Julien, un exemplaire trouvé en avril au pied d'un arbre (Pierre).

C. granulatus L. — (R). Bois de St-Martin ! (Abbé Lacatte). Monthelon, près Autun, dans des jardins (Duchamp). Mâcon, dans des prairies, en septembre (Guérin). Anost, en septembre et octobre (Marchal).

C. nodulosus Creutz. — (RR). Trouvé deux fois dans les environs d'Autun (Abbé Lacatte).

C. auratus L. — Très-commun. Répandu partout dans les champs, les jardins, les chemins, de mars à septembre. On le rencontre surtout le soir. Quand on le saisit, il lance par l'anus, un liquide corrosif, d'une odeur fétide, qui n'est autre chose que l'acide *butyrique* (Pelouze).

C. auronitens F. — (AR). Sous les mousses, au pied des arbres, sous les pierres, les vieilles souches dans les forêts. Été, automne et hiver surtout. Bois des Feuillies ! Bois de

Roussillon ! (Decœne). Bois de la Fontaine-Filhouse ! près Autun (Abbé Viturat). Une variété presque noire a été trouvée à Digoin (Pic).

C. festivus Dej. — Forêt de Follin ! En hiver sous la mousse, mais plus rarement que le précédent. Autun.

C. purpurascens F. — Cheilly ! Paris-l'hôpital ! Sous les pierres, dans les terrains calcaires surtout (R). Montagne de Montjeu, Briscou (Abbé Lacatte). Forêt de Planoise ! en septembre et octobre (AC). Sous des pierres, près du pont suspendu de Digoin (Pierre). Mâcon, en juillet (R) (Guérin).

C. convexus F. (R). Sous les pierres et les mousses, dans les bois, de février à septembre. St-Julien-de-Civry. Avril, sous les souches de pins (Pierre). Anost (CC) (Marchal).

C. nemoralis Mül. — Toute l'année, sous les pierres, les feuilles mortes, les mousses, surtout dans les bois (AC). St-Julien, sous des souches de pins (Pierre).

C. intricatus L. — Dans toutes les forêts des environs d'Autun ! Se trouve toute l'année sous les pierres et les écorces. L'hiver, il n'est pas rare de rencontrer 10 ou 12 de ces carabes, tapis sous les mousses qui recouvrent les rochers, dans les forêts (AC). Bois de Roussillon ! (Decœne). Anost (Marchal).

Procustes Bon.

P. coriaceus L. — Autun (AR). Cheilly ! Couches-les-Mines ! (C). Dans les vignes, les champs calcaires, sous les pierres, les fagots, au printemps et surtout en automne. Il se nourrit des plus grosses limaces et d'escargots ; à ce titre, on devrait l'introduire dans les jardins. Bois de Sarre, près de St-Julien, dans des fagots, au mois d'avril (Pierre).

Drypta F.

D. emarginata Ol. — Au printemps, sous les pierres, montagnes arides exposées au soleil, sous des tas de joncs et de roseaux qui ont séjourné l'hiver, sur des prés. Le Creusot ! (C). Petit-Montjeu, près Autun ! (AR). Mâcon, au mois de juin (Guérin). St-Julien, sous la mousse au pied d'un arbre (Pierre).

Polystichus Bon.

P. vittatus Brüll. — Mâcon, dans les détritus laissés par les inondations (Guérin).

P. fasciolatus Ross. — Chalon, très commun au pied des arbres, le long des digues (Peragallo).

3ᵉ FAMILLE CYMINDIDÆ.

Cymindis Latr.

C. humeralis F. — Se trouve en quantité sous les pierres, en avril, dans les bois de sapin, à la Beuratte, près St-Julien (Pierre). Mâcon, mois de mai (Guérin). La Tagnière (Marchal).

C. axillaris F. — Le Creusot, lieux chauds et secs, sous les pierres, presque toute l'année (C). Mâcon, en juin (Guérin).

C. miliaris F. — Sous les pierres dans les montagnes au printemps (AR). Autun! Marmagne, Le Creusot! Je prenais, chaque année, assez communément ce joli carabique aux environs de Buxy, sous les petites pierres d'un côteau bien exposé, dominant des vignobles (Peragallo).

4ᵉ FAMILLE BRACHINIDÆ.

Brachinus Web.

B. sclopeta F. — Très commun sous les pierres et débris végétaux. Le Creusot (Marchal).

B. crepitans L. — Sous les pierres, au pied des arbres; commun toute l'année. Le Creusot, Autun! Mâcon (Guérin). St-Julien, sous des pierres le long des murs (Pierre).

B. psophia Dj. — Souvent en familles nombreuses sous les

pierres, au pied des arbres. Mars, avril, mai, plus rare que le précédent. Laizy ! Mâcon, rare (Guérin).

B. explodens Duft. — Commun au printemps sous les pierres : Le Creusot, Autun ! Mâcon (Guérin). St-Julien (Pierre).

5e FAMILLE DROMIDÆ.

Demetrias Bon.

D. atricapillus L. — Sous les pierres, les écorces et la mousse. L'hiver, surtout, on le trouve sous les écorces de platanes et dans les palissades faites en vieux bois. Autun (C). Le Creusot (AR). St-Laurent, près Mâcon (Guérin). St-Julien, au mois de juin, en battant les buissons (Pierre).

Dromius Bon.

D. linearis Ol. — L'hiver et au printemps, sous la mousse, au pied des arbres et sous les écorces. Le Creusot, Mâcon, Autun ! (CC).

D. angustatus Brul. (Syn. *testaceus* Er.). — Un seul exemplaire, trouvé l'hiver, sous des écorces, aux environs d'Autun ! (RR).

D. agilis F. — sous les écorces, surtout de platanes, de novembre à Mars (AR). Mâcon, le Creusot, Autun ! Couches (Marchal).

D. fenestratus F. — (Nec Dej.) (AC). De décembre à mars, sous les écorces de platanes, en compagnie des suivants. On le prend également l'été en fauchant dans les prairies. Autun ! Mâcon (Guérin). St-Maurice-les-Couches, sur des lierres (Marchal).

D. 4-maculatus L. — Très commun partout, toute l'année, sous les écorces.

D. 4-notatus Panz. — En compagnie du précédent, dans les mêmes conditions (CC).

D. 4-signatus Déj. — Le Creusot, en battant les haies (RR). Mâcon, en décembre (Guérin).

D. nigriventris Thomp. — Mâcon (Guérin).

D. melanocephalus Déj. — Sous les feuilles mortes, les écorces, les détritus des forêts, très commun toute l'année. Le Creusot, haies mortes, septembre et octobre. R. Bois-le-Duc! près Autun. (CC).

Blechrus Mots.

B. glabratus Duft. (Syn. *Maurus* Sturm.).— Sous les écorces, la mousse, au pied des arbres, les détritus de végétaux, l'hiver surtout (C). Le Creusot, Autun!

Metabletus Schm.

M. truncatellus L. — Le Creusot (Marchal) sous des mousses et détritus. Autun, les Revirets! Bois de Monchauvoise! (AC).

M. foveola Gyll. — Sous les écorces et détritus de végétaux (AC). Le Creusot! Autun! Mâcon, à la suite des inondations (Guérin).

Lionychus Wiesm.

L. quadrillum Duft. — Très commun l'été sur les remblais de cendres de l'usine du Creusot, surtout sous les Réséda, *verbascum*, etc. — On trouve des exemplaires à taches postérieures plus ou moins amoindries, même nulles (Marchal). St-Julien (Pierre). Anost. (Langard).

6ᵉ FAMILLE LEBIIDÆ.

Lebia Latr.

L. chlorocephala Hoffm.— Le Creusot, sur les fleurs et sous les écorces (R). St-Julien, sur une souche *(R) (*Pierre*)*. Autun!

L. cyanocephala L. — Le Creusot, Autun! Sur les fleurs, sous les écorces et en battant les haies au parapluie. St-Julien, sur les buissons, en Juin *(*Pierre*)*. St-Maurice-les-Couches, sur des lierres (Marchal).

L. cyathigera Ross. — Environs d'Autun. Collection de M. l'Abbé Lacatte (RR).

L. hæmorrhoïdalis F. — Sur les bruyères et surtout eu battant les chênes au parapluie, en juin, juillet (AC). Autun! St-Julien, Le Creusot. Chalon, dans les bois, sur les bruyères de la montagne; commun (Peragallo).

Nota. — Les *Lebies* sont les seuls carabiques qui vivent sur les plantes. Toutes les espèces de France ont le corselet rouge.

7e FAMILLE PLOCHIONIDÆ.

Mazoreus Dej.

M. Wetterhalli Gyll. — (RR). Un seul exemplaire sous des écorces, en décembre 1883. Les Rivières, près Autun! Notre zélé collègue M. Marchal, m'annonce (3 novembre 1884), qu'il vient d'en trouver un exemplaire au Creusot, où il doit être également très-rare.

8e FAMILLE CHLÆNIDÆ.

Callistus Bon.

C. lunatus F. — Un de nos plus jolis carabiques, surtout à l'état frais. Terrains secs et calcaires, sous les pierres, les détritus de végétaux, quelquefois en petites sociétés (AR). Bois de Montcenis (Marchal). Autun! Curgy! Chalon, pas rare sur les digues, sous les écorces et les herbes (Peragallo). Sous les pierres au pied des arbres (Pierre). On le trouve toute l'année.

Panagæus Latr.

P. crux-major L. — Au printemps, sous les pierres, dans les prés, les lieux humides et au bord des eaux (AR). Le Creusot, Autun, route de Gueunan! et sur les bords de l'Arroux! Mâcon (Guérin). On trouve de jolies variétés à Mâcon, au moment des inondations (Peragallo).

P. 4-pustutalus Sturm. — Toute l'année, mais au printemps surtout; sous les pierres, les feuilles mortes, côteaux secs

(AR). Autun! Digoin, en novembre, sous des feuilles mortes (Pierre).

Loricera Latr.

L. *pilicornis* F. — Dans les marais, au bord des étangs, des fossés, sous les détritus des bois, toute l'année. Assez commun dans tout le département.

Badister Clairv.

B. *bipustulatus* F. — Au printemps, sous les pierres, les détritus (R). Bois de Montjeu, Le Creusot, Mâcon (Guérin).

B. *humeralis* Bon. — Bois d'Antully, près Autun! Un seul exemplaire trouvé sous une pierre (RR).

Chlænius Bon.

C. *spoliatus* Ross. — Chalon dans les déblais (Peragallo).

C. *velutinus* Duft. — En juin, au bord des étangs, sous les pierres, St-Julien (Pierre).

C. *agrorum* Ol. — Mai et juin; sous les pierres, au bord des ruisseaux (C). Mâcon, au pied des arbres (Peragallo). Creuse d'Auxy, route de Couches, près Autun! Le Creusot, St-Julien (Pierre).

C. *vestitus* F. — Sous les pierres, les détritus végétaux, lieux humides, au bord des ruisseaux (CC). Mai juin. — Creuse d'Auxy, près Autun! St-Julien (Pierre). Le Creusot.

C. *Schranki* Duft. — Assez rare; sous les pierres, au printemps. Les Revirets, près Autun! Le Creusot.

C. *nigricornis* Dej. — Mêmes localités que le précédent. Mai et juin (AC).

C. *nigricornis* var. *melanocornis* Dej. — Le Creusot, (Marchal). Assez commun, sous les pierres, débris végétaux, dans les endroits humides. Mâcon (Guérin).

C. *sulcicollis* Payk. — (RR). M. Lacatte, Directeur au Grand Séminaire d'Autun, entomologiste aussi modeste que savant, a trouvé cette rare espèce sous une pierre, pendant l'hiver, à la Creuse d'Auxy, près Autun! Chalon, pendant les inondations (Peragallo).

Oodes Bon.

O helopioïdes F. — Sous la mousse au pied des arbres, l'hiver (AR). château de Mont-d'Arnaud! (J. Deseilligny). Le Creusot. Chalon et Mâcon, sous les écorces, à la suite des inondations de la Saône (Peragallo). St-Julien, endroits humides, dans la mousse au pied des arbres (Pierre).

Licinus Latr.

L. Hoffmannseggi Panz. — Sous les pierres au printemps (R). Bois de Montjeu, près Autun! (Abbés Lacatte et Cornu). Mâcon (Guérin).

L. cassideus F. (RR). Un exemplaire trouvé sous une pierre au mois d'avril. Le Creusot (Marchal). Capturé aussi à Buxy, à la même époque, par M. Quincy.

9e FAMILLE STOMIDÆ.

Stomis Clairv.

S. pumicatus Panz. — Assez commun partout; sous les pierres au printemps.

Broscus Panz.

B. cephalotes L. — Dans les carrières de sable; l'insecte ne sort que le soir. Avec un peu d'habitude, on découvre facilement l'ouverture de sa retraite, dans les sablières, et en creusant le sable de 0.12 ou 0.15 cent., on fait sortir le *Broscus*. Juin, juillet, août. Autun! (AR). Le Creusot! (C). St-Julien (Pierre).

10e FAMILLE SCARITIDÆ.

Clivina Latr.

C. fossor L. — Sous les pierres en avril et mai, surtout au bord des mares et des fossés (AC). Autun et tous ses environs! Mâcon (Guérin). Dans les inondations, à Chalon, on trouve la variété rouge (C. *Sanguinea* Leach) (Peragallo). St-Julien, trois variétés : la noire, la rouge et la rouge avec suture noire; cette dernière est très-rare (Pierre).

C. collaris Herbst. — Assez commun sous les pierres au printemps; espèce spéciale aux plaines et vallées inférieures des montagnes. Autun! Mesvres! (Marchal et Fauconnet), mai 1883.

Dyschirius Bon.

D. globosus Herbst. — Très commun partout toute l'année, sur la vase, sous les détritus d'inondations au bord des eaux, surtout dans les bois et les marais; l'hiver, sous les mousses.

D. nitidus Dej. — Mâcon, inondations de la Saône (Guérin).

D. æneus Dej. — Mâcon, avec le précédent, dans les mêmes conditions (Guérin).

11e FAMILLE HARPALIDÆ.

Acinopus Dej.

A. megacephalus Ross. — Environs de Mâcon, sous les pierres (Peragallo).

Anisodactylus Dej.

A. binotatus F. — Assez commun partout, sous les pierres, toute l'année. On trouve aussi fréquemment la var. *spurcaticornis* Dej.

A. signatus Panz. — Mâcon, pendant les inondations (R). (Guérin). Le Creusot, sous débris végétaux au bord des étangs.

Diachromus Er.

D. germanus L. — Sous les pierres, sous les bois travaillés qui sont sur terre depuis quelque temps, endroits frais toute l'année (AC). Mâcon (Guérin). St-Julien (Pierre). Le Creusot, Autun!

Bradycellus Er.

B. harpalinus Dej. — Clairières des bois et fossés humides, sous les feuilles pourries; sort le soir et grimpe sur les bruyères et les graminées (C). Le Creusot : Bois de Montjeu et des Revirets, près Autun !

B. verbasci Duft. — St-Julien, pris en mai, en battant une haie au parapluie (Pierre).

B. similis Dej. — Dans les clairières des bois, sur les plantes, surtout en automne (AC). Le Creusot, en automne, sous débris végétaux, endroits humides (R). Autun !

B. collaris Payk. — (R). Sous les pierres et les touffes de bruyères, dans le terreau, l'été. Le Creusot ! Autun !

Stenolophus Dej.

S. teutonus Schrk. Endroits humides et marécages, sous les détritus et les pierres; quelquefois sur les joncs et graminées; tout l'été (R). Autun ! Digoin, au pied des arbres, en avril (Pierre).

S. vespertinus Illig. — Le Creusot (R). Dès le commencement de février, sous les débris végétaux, lieux humides.

Acupalpus Latr.

A. consputus F. — St-Julien, commun sous les pierres, au mois de Mars (Pierre).

A. meridianus L. — Toute l'année, dans les endroits humides, sous les pierres et les détritus (C). Autun ! Mâcon (Guérin). Digoin, inondations de la Loire (Pierre).

A. brunnipes Sturm. — Mâcon, inondations de la Saône (Guérin).

A. flavicollis Sturm. — Bords des mares et fossés des bois, sous les pierres et détritus; terrains froids (AC). Le Creusot, Autun !

A. exiguus Dej. — Dans les débris végétaux, lieux humides; dès la fin de l'hiver. Le Creusot (C). J'ai trouvé la var. *luridus* Er. sur les bords de l'Arroux, à Autun, dans les détritus d'inondations, au mois de mars.

Apatelus Schm.

A. oblongiusculus Dej. — Mâcon, inondations de la Saône (Guérin).

Harpalus Latr.

H. sabulicola Panz. — En avril, sous des pierres, dans un endroit aride, sur les côteaux, à Terzé (Pierre).

H. diffinis Dej. (var. *rotundicollis* Fair.). — Buxy. Le Creusot, Collection Cartier (RR).

H. azureus Illig. — Collines calcaires et friches arides, sous les pierres, isolé ou par paires; surtout au printemps et en été. Quelquefois se rencontre en quantité en octobre dans les ombelles sèches de la carotte sauvage (*daucus carotta).* Mâcon (Guérin). Curgy ! Cheilly ! Paris-l'Hôpital ! St-Sernin ! (C). St-Maurice-les-Couches (Marchal).

H. cordatus Duft. — St-Maurice-les-Couches (Marchal).

H. rufibarbis F. Terrains vagues, sous les pierres ou dans le sable, au pied des arbres, parfois en nombre; au vol par les temps calmes, surtout l'été, le soir à la lumière (C).

H. maculicornis Dej. — Mâcon, inondations de la Saône. (Guérin).

H. rupicola Sturm. — St-Maurice-les-Couches (Marchal).

H. mendax Ross. — Mâcon, au pied des arbres sur les digues (AC). (Peragallo).

H. pubescens Müll. — Endroits sablonneux, sous les pierres, les bois, etc. ; sort à la nuit close et vole aux lumières. Se trouve souvent en automne dans les capitules fermés de carotte sauvage. Commun partout, toute l'année.

H. griseus Panz. — Terrains sablonneux, sous les pierres, parfois en nombre ; vole le soir aux lumières comme le précédent. Commun partout, toute l'année.

H. calceatus Duft. — Terrains sablonneux et découverts, dans le sol ou sous les pierres, souvent en nombre, été, automne. Mâcon (Guérin), Autun ! St-Pierre ! Antully ! (AC).

H. æneus F. Très-commun partout et toute l'année, dans le sable, sous les pierres. On trouve dans les mêmes conditions, mais plus rarement la var. *confusus* Dej.

H. psittacus Fourcr. — Assez commun; dès le printemps, sous les pierres et les détritus. Autun! Le Creusot. Mâcon. (Guérin).

H. cupreus Dej. — Sous les pierres au printemps. Autun! (AR). Mâcon (Guérin). Le Creusot (RR).

H. hottentota Duft. — Le Creusot (RR). Un seul exemplaire. Autun!

H. attenuatus Steph. — Le Creusot (RR).

H. rubripes Duft. — Terrains arides, calcaires ou sablonneux, sous les pierres assez commun : partout dès le printemps.

H. latus L. — Le Creusot, Autun! assez commun sous les pierres, toute l'année.

H. luteicornis Duft. — Mâcon, au mois de juin (Guérin). Le Creusot (R).

H. 4-punctatus Dej. — Le Creusot, un seul exemplaire.

H. discoïdeus Er. — (non. Fabr. 1792). Assez rare. Broyes! Le Creusot, Autun! terrains sablonneux, endroits chauds, quelquefois en nombre.

H. honestus Duft. — (*Ignavus* Duft ou *rufipalpis* Sturm). — Terrains calcaires, friches des collines, sous les pierres au printemps. Mâcon (Guérin). Le Creusot! Curgy! Dracy-St-Loup! (C).

H. decipiens Dej. — Terrains sablonneux; sous les pierres, printemps et été (AC). Le Creusot, Autun! montagne de Montjeu! St-Julien (Pierre).

H. neglectus Dej. — Mâcon, en juin (Guérin). Le Creusot, sous les pierres.

H sulphuripes Germ. — Autun! sous détritus (R).

H. tenebrosus Dej. Terrains sablonneux ou calcaires (AR). Curgy! Le Creusot (R).

H. lævicollis. Duft. — Je ne crois pas que le type ait été trouvé jusqu'à présent, mais on rencontre au Creusot! et à Autun! la var. *satyrus* Sturm. Printemps, été ; bois froids et accidentés, sous des feuilles mortes, pierres, champignons (AR).

H. caspius Ster.— Le Creusot, Drevin; terrains arides, calcaires ou sablonneux, sous les pierres. Mai, juin (R). Autun, Mâcon (Guérin). St-Julien (Pierre).

H. tardus Panz (*Frœhlichi* Sturm). — Mâcon, en juin (Guérin). Le Creusot.

H. anxius Duft. — Terrains secs, sablonneux; commun toute l'année, sous les pierres. St-Julien, Le Creusot, Autun! Montagnes du Morvand!

H. impiger Duft. — Mâcon, mois de Juin (Guérin).

H. serripes Schm. — Montagnes arides; printemps et été, sous les pierres (R. Autun! Antully! Le Creusot, Mâcon, St-Julien.

12e FAMILLE FERONIDÆ

Zabrus Clair.

Z. gibbus Clair. — Sous un morceau de bois à Digoin (Pierre).

Amara Bon.

A. consularis Duft. — Terrains sablonneux, endroits bien exposés; printemps, été (AC).

A. apricaria Payk. — Lieux secs, sous les pierres (AR). Le Creusot, St-Julien (Pierre).

A. montana Dej. — Le Creusot; montagnes arides, sous les pierres (R).

A. ingenua Duft. — Coteaux pierreux, au printemps (R).

A. tibialis Payk. — Les Revirets! près Autun (R). Printemps et été; terrains sablonneux bien exposés; sur les bruyères, ou courant sur les plantes basses.

A. familiaris Duft. — Terrains sablonneux, sous les pierres. Avril à juillet. Le Creusot, Autun (AC)! Mâcon (Guérin).

A. familiaris var. *lucida* Dej. — Le Creusot, commun sous les pierres, au pied des arbres, sous débris végétaux.

A. acuminata Payk. — Le Creusot, sous pierres et détritus.

A. spreta Dej. — Le Creusot (RR). Sous pierres au pied des arbres.

A. trivialis Gyll. — Très répandu partout ; il paraît dès les premiers jours de printemps et court au soleil, dans les rues et sur les places publiques.

A. vulgaris Panz. — Mâcon (Guérin). Le Creusot.

A. communis Panz. — Endroits frais, sous les pierres. Autun (AC)! Le Creusot (R). Mâcon (Guérin).

A. *nitida* Sturm. — Le Creusot (C). Lieux secs. Mâcon (Guérin).

A. montivaga Sturm. — Plaines cultivées, sablonnières. Juillet, août (AR).

A. ovata Fisch. — Mâcon, inondations de la Saône (Guérin). Le Creusot, sous débris végétaux, joncs, lieux humides, au printemps (C).

A. similata Gyll. — Toute l'année, surtout dans les endroits humides. Autun (AR)! Mâcon, (Guérin.)

A. glabratra Dej. — Le Creusot, lieux secs (AR).

A. striatopunctata Dej. — Le Creusot, sous les pierres (R).

A. tricuspidata Dej. — Mâcon, inondations de la Saône (R). (Guérin).

A. plebeja Gyll. — Mâcon, collection Guérin. Cluny (Cl. Rey).

A. erythrocnema Zim. — Autun! Un seul exemplaire.

Feronia Latr.

F. cupræa L. — Sous pierres et débris végétaux. Le Creusot (C). Mâcon, au mois de mai (Guérin). St-Julien.

F. versicolor Steph. — Mâcon, mai et juin (Guérin)!

F. dimidiata Ol. — Le Creusot, commun sous les pierres et débris végétaux. Mâcon, juin (Guérin).

F. Koyi Germ. — Autun, Bois des Feuillies ! St-Sernin-du-Plain ! terrains calcaires, friches des collines, sous les pierres ; souvent au vol, l'été (AC).

F. lepida. F. — Assez commun l'été ; terrains sablonneux, endroits chauds, plaines et montagnes. — Autun! Broyes! Mont-d'Arnaud! Le Creusot, St-Julien (Pierre).

F. aterrima F. — Autun (RR). Un seul exemplaire trouvé en février au Pont-du-Pommoy! sous des pierres, au bord d'un ruisseau. M. Lacatte l'a pris une fois à la Creuse d'Auxy ! Au Creusot! M. Marchal l'a découvert en nombre deux années de suite (étang du Villet, près de Torcy). Anost ! au mois d'avril (Marchal). Bois humides et marécages, sous les feuilles, les pierres, au pied des roseaux, février à avril.

F. melas Creutz. — Plateau d'Antully, l'hiver et au printemps sous les pierres et les souches??

F. nigra Schall. — Très commun dans tous les environs d'Autun! sous les pierres, les souches, dans les grands bois et futaies humides, souvent dans les jardins. Le Creusot (R).

F. vulgaris Schaum (non Linn). — Environs d'Autun! terrains découverts, ou endroits ombragés, sous les pierres (CC). Mâcon, (Guérin).

F. nigrita F. — Commun tout l'été, dans les endroits marécageux. sous les pierres et détritus. Autun, Bois de Chantal! Le Creusot, Mâcon, St-Julien.

F. anthracina Illig. — Mâcon, (Guérin). Le Creusot, commun partout dans les champs et jardins.

F. minor Gyll. — Étangs et marais desséchés, surtout dans les bois froids, détritus végétaux, (RR), printemps. Le Creusot, Autun.

F. madida F.— Bois accidentés, sous les pierres, les feuilles mortes, mai à juillet (CC). Le Creusot! St-Julien (Pierre). Autun et tous ses environs.

On rencontre aussi fréquemment dans les mêmes localités la var. *Concinna* Sturm. Anost (Marchal).

F. oblongopunctata F. — Dans les bois, surtout dans les futaies, sous les pierres, les feuilles mortes, les souches et souvent en familles nombreuses (C) mars à juin, plateau d'Antully! Bois de Montjeu. Le Creusot, Anost, sous champignons décomposés (Marchal).

F. picimana Duft. — Endroits élevés, sous les pierres, les souches, mars à mai, mêmes localités (AR).

F. parumpunctata Germ. — Le Creusot, Marmagne, Anost (Marchal) AR??

F. rufipes Dej. — Bois de St-Germain, mois d'avril, sous les pierres. AR (Pierre).

F. terricola F. — Dans les bois, endroits ombragés, sous les pierres, les feuilles mortes (C) mars à mai. Environs d'Autun! Bois des environs de Chalon (Peragallo); Bois de St-Germain (Pierre).

F. striola F. — Sous les pierres, les feuilles sèches, les souches, de mars à juin; Bois d'Autun, Le Creusot, (C).

F. parallela Duft. — Même habitat. Aussi répandu; Anost, (Marchal).

F. ovalis Duft. — Sous débris végétaux et sous les pierres dans les bois. Le Creusot, Autun (C)! Anost (Marchal).

F. vernalis Panz — Dès les premiers jours du printemps, sous les pierres, les mousses, les détritus végétaux, près des mares et étangs (AC) février, mars, avril. St-Martin près Autun! Mâcon (Guérin)! St-Julien (Pierre).

F. spadicea Dj.— Assez commun l'été sous les mousses dans les grands bois. Forêt de Planoise! Creuse d'Auxy! près Autun. Saint-Julien (Sandre).

F. inæqualis Marsh. — Terrains froids, prés humides, sous les pierres, mai, juin (R). Le Creusot, Autun, St-Julien.

F. interstincta Sturm. — Mai et juin, près des mares, des bois, sous les mousses et les pierres (AR). Bois des Ruets, près Autun, Mâcon (Guérin).

F. strenua Panz (*erythropus* Marsh).— Terrains froids, bois humides, mares desséchées, sous les feuilles et les pierres, tout l'été (AR). Le Creusot, Autun, St-Julien (Pierre).

Platyderus Steph

P. ruficollis Marsh (*depressus* Dej. — *dilatatus* Chd.). — Endroits ombragés des bois et prairies froides, avril, mai (AR); Mont-Beuvray (de Laplanche); Autun, St-Julien, commun sous les pierres dans les bois (Pierre), Le Creusot, Couches (Marchal).

On trouve la variété *rufus* Duft. au printemps et en automne, sous les pierres et feuilles mortes, dans les endroits ombragés (AC).

Calathus Bon

C. cisteloïdes Illig. — Terrains secs, sablonneux ou calcaires, sous les pierres, les décombres, mars à juillet; espèce très commune partout.

C. glabricollis Dej. — Dans les bois, sous les fagots, les feuilles mortes et les souches (AR)! Cheilly (de Laplanche); juin.

C. fulvipes Gyll (Laserrei Heer). — Terrains sablonneux, sous les pierres(C); mai, juin. Le Creusot, Autun, St-Julien (Pierre).

C. fuscus F. — Sous les pierres et détritus, friches et terrains calcaires, mai, juin (AC). Le Creusot, Autun. Mâcon! inondations de la Saône (Guérin).

C. melanocephalus L. — Terrains calcaires secs, sous les pierres, mai, juin (C). Le Creusot, Autun, Curgy! Paris-l'Hôpital! St-Julien (Pierre).

C. piceus Marsh. — Le Creusot, commun sous pierres et débris.

Taphria Bon.

T. nivalis Panz. — Le Creusot (Marchal). Trois exemplaires trouvés au pied d'un arbre au mois d'Août (RR). Se trouve habituellement sous les mousses, dans les hautes montagnes.

Olisthopus Dej.

O. rotundatus Payk. — Au pied des arbres et sous les pierres, dans les endroits humides, en mars, St-Julien (Pierre): Le Creusot (AC).

O. glabricollis Germ. — Terrains secs, sous les pierres et feuilles mortes, Autun (R). Le Creusot?

Agonum Bon.

A. marginatum L. — Endroits marécageux, bords des ruisseaux, juin, juillet (AC); Marmagne! (Marchal), Lucenay-l'Évêque! Autun, Mâcon, au mois de mai (Guérin).

A. sexpunctatum L. — Bords des étangs, des mares, et des ruisseaux ; juin, juillet (AC), Marmagne! Autun.

A. parumpunctatum F. — Très commun dans les endroits frais et humides ; en juin, juillet.

A. Austriacum var. *modestum* Sturm. — Étangs, mares des plaines, sous les pierres, l'été ; Autun (R), Mâcon, inondations de la Saône.

Le type *Austriacum* ou var. (Bedel), est beaucoup plus rare.

A. viduum Panz. — Le Creusot, sous les pierres, dans les mares desséchées.

A. versutum Sturm. — Mares et étangs des bois, terrains froids, sous les pierres et détritus des bords ; printemps et été, (R).

A. atratum Duft. — Terrains marécageux découverts, sous les pierres ; printemps et été (R). Le Creusot, Autun, St-Julien (Pierre).

A. lugens Duft. — Peu rare dans les prés autour de Chalon (Peragallo); Autun (R).

A. micans Nicolaï — Bords des rivières et marais, prés humides, sous les écorces de saules ; mai, juin (AC), environs d'Autun, Mâcon (Guérin) (RR).

A. gracile Sturm. — Dans les joncs et herbes sèches qui ont séjourné l'hiver au bord des ruisseaux, étangs ; printemps (R). Le Creusot.

Anchomenus Bon

A. oblongus F. — Étangs et marais, sous les détritus végétaux ; mai, juin (AR).

A. dorsalis Mull. — Répandu partout dans les endroits frais, sous les tas de pierres, généralement par groupes et souvent en compagnie de Brachinus ; presque toute l'année.

A. livens Gyll. — Pas rare à Chalon, dans les inondations de la Saône (Peragallo).

A. albipes F. — Sous les pierres au bord des eaux, très commun partout ; printemps et été.

A. cyaneus Dej. — Sous les pierres, endroits humides ; mai et juin (AC).

A. junceus Scop — Lieux humides, sous les pierres ; l'été, Autun (R). Le Creusot (C). Mâcon, mois de septembre (Guérin).

Pristonychus Dej.

P. inæqualis Pauz. — Dans les caves et celliers ; parfois sous l'écorce des vieux arbres, plus rarement dans les montagnes, sous les grosses pierres. Autun (R) ; Mâcon, mois de mai (Guérin).

13e FAMILLE TRICHIDÆ

Trechus Clair.

T. micros Herbst. — Bords des rivières et endroits humides, sous les pierres, dans les caveaux, les égouts ou les détritus des inondations ; parfois enterré au pied des peupliers ; septembre, octobre (RR). Provenance douteuse??

T. longicornis Sturm.—Berges des rivières et marais, sous les pierres, les pièces de bois (R) ; mars à juillet.

T. rubens F. — Mâcon, mois de Septembre (Guérin).

T. minutus F. — Répandu partout, toute l'année ; principalement dans les mousses des bois et souvent on le prend, l'été au vol, le soir à la lumière, dans les jardins.

T. secalis Payk. — Tournus (Cl. Rey).

14° FAMILLE BEMBIDIIDÆ

Tachyta La Brul.

T. nana Gyll. — Par groupes, sous l'écorce des pins abattus, dans les galeries de Xylophages dont les restes sont mangés par la larve ; éclot en juin et juillet ; hiverne. Bois des Riverets et d'Ornez! près d'Autun (AR).

Tachys Dej.

T. parvula Dej. — Bords des mares sous les détritus, dans le terreau au pied des bruyères ; sablonnières, bords des routes, sous les pierres ; juin juillet (AR). St-Sernin-du-Plain! Paris-l'Hôpital ! Le Creusot.

T. bistriata Duft. — Bords des eaux, sous les pierres et détritus ; juin juillet (AC). Le Creusot, Mâcon (Guérin), Les Revirets! Creuse d'Auxy près d'Autun.

Bembidium Latr.

B. rufescens Dej. — Sous les pierres, endroits humides, au printemps (R).

B. 5- striatum Gyll. — Dans les jardins seulement, sous les écorces d'arbres de toute espèce, mais de mélèze surtout, souvent isolé ; printemps, automne (AR).

B. obtusum Sturm. — Sous les détritus végétaux au bord des mares. Mai-juin (R). Autun, Le Creusot (RR). Saint-Maurice-les-Couches, dans des lierres (Marchal).

B. bi-guttatum F. (*vulneratum* Dej.). — Débris végétaux au bord des étangs et cours d'eau. Le Creusot (R). Mâcon, mois de juin (Guérin). Saint-Julien, avril (Pierre). Saint-Maurice-les-Couches (Marchal). Bords de l'Arroux, Autun, dans des détritus d'inondations ; mars.

B. flammulatum Clair. — Sur la vase au bord des eaux. Mai-juin (C). Autun; Le Creusot, lieux sablonneux.

B. guttula L. — Le Creusot, lieux sablonneux, Mâcon. Mois de juin (Guérin). Saint-Maurice-les-Couches, dans des lierres, mois de septembre (Marchal).

B. fasciolatum Duft. — Bord des rivières et des torrents, sous les pierres et les graviers. Juin (R).

B. fasciolatum var. *cœruleum* Dej. — Mâcon; Juin (Guérin).

B. nitidulum Marsh (*rufipes* Er.). — Ravines des bois sablonneux, sous les pierres, les feuilles humides (AC). Mai à juillet. Le Creusot, Autun! Saint-Julien (Pierre).

B. littorale Ol. — Répandu partout au bord des eaux et dans les ravines humides. Mai-juin.

B. femoratum Sturm. — Mâcon. Juin (Guérin).

B. andreæ F. nec Er. (*Cruciatum* Dej.)— Saint-Julien (Sandre) (AC).

B. decorum Panz. — Mâcon (Guérin). Juin. Le Creusot.

B. modestum F. — Assez commun sur le sable au bord de la Loire à Digoin (Pierre).

B. Dahli Dej. — Un seul exemplaire trouvé à Autun sous une pierre, au bord d'une mare (RR).

B. elongatum Dej. — Bords des eaux, endroits chauds. Mai-juin (R).

B. 4-maculatum Dej. — Commun sur la vase au bord des eaux, sous les pierres; été. Autun, Marmagne! Mâcon (Guérin), Le Creusot (R), sous débris végétaux au bord des étangs.

B. 4-pustulatum Dej. — Le Creusot, commun dans les lieux sablonneux. Saint-Julien, endroits humides (Pierre).

B. callosum Küst. — Bords des mares, dans les clairières, sur la vase. Autun (AC), Le Creusot (R).

B. 4-guttatum F. — Assez commun partout au bord des étangs et des rivières en juin-juillet. Saint-Maurice-les-Couches (Marchal).

B. 4-guttatum var. *speculare* Küst. — Plus rare; je ne l'ai trouvé que sous les détritus des forêts l'hiver. Bois des Revirets! près Autun.

B. articulatum Panz. — Endroits humides sous les pierres. Mai. Saint-Julien (Pierre), Le Creusot, Autun (CC).

B. Sturmi Panz (R). — Le Creusot, sur la vase au bord de l'étang de Torcy

B. tenellum Er. — Mâcon. Septembre (Guérin).

B. pusillum Gyll. — Le Creusot (R), sous détritus au bord des étangs. Saint-Maurice-les-Couches ! dans des lierres (Marchal).

B. lampros Herbst. — Très commun partout, toute l'année, même dans les endroits secs ; on le trouve souvent l'hiver en tamisant les détritus et feuilles mortes des bois.

B. pygmæum F.— Commun sous les détritus, les mousses, les feuilles sèches.

B. bi-punctatum L. — Un seul exemplaire pris au vol dans mon jardin au mois de juin (RR).

B. punctulatum Drap. — Graviers des bords de rivières et de mares. Mai-juin (AC). Le Creusot! Autun, Saint-Julien (Pierre).

B. impressum Ill. — Tournus (Cl. Rey).

B. inustum Duv. — Mœurs inconnues (RR) ; a été pris au vol à Laplanche, près Luzy (Nièvre), à la limite de notre département, par notre collègue M. de Laplanche (Bedel) ; il pourrait se trouver un jour dans Saône-et-Loire.

Tachypus Dej.

T. pallipes Duft.— Bords des rivières et des torrents (R). Le Creusot, Autun, Antully!

T. flavipes L. — Sur la vase au bord de l'étang de Torcy, Le Creusot (Marchal), (RR).

3e TRIBU — AQUICOLES

1re FAMILLE DYTISCIDÆ

Les Dytiscidœ habitent exclusivement les eaux, nagent très rapidement, grâce à la forme de leur corps, ovale aplati, sans saillies. Ils sont très carnassiers. En hiver, ils s'enfoncent dans la vase, et certains, des petites espèces, sortent de l'eau, se réfugient sous les herbes et les mousses humides.

Cybister Curt.

C. Rœseli F. — Le Creusot, dans les mares (RR) (Marchal), Mâcon (Guérin) ; Saint-Julien, commun dans les mares (Pierre).

Dytiscus L.

D. marginalis L. — Commun partout au printemps et en automne, dans les étangs et les mares. La variété O *conformis* Kunze, se trouve avec le type, mais beaucoup plus rarement. Je n'en connais que quelques exemplaires capturés au Creusot par notre dévoué collègue, M. Marchal.

D. circumcinctus Ahrens (RR). — Etangs et mares de carrières, de graviers. Curgy!

D. circumflexus F. — Eaux stagnantes, douces ou saumâtres ; printemps et automne (AR). Le Creusot, Autun, Mâcon. Juin (Guérin).

D. punctulatus F. — Le Creusot (AR), dans les mares ; les auteurs lui assignent une longueur de 0,28^{mm}, j'ai pris un sujet qui avait à peine 0,23^{mm} (Marchal). Mâcon. Juin (Guérin).

D. dimidiatus Bergst. — Le Creusot, dans les mares (R).

Acilius Leach.

A. sulcatus L. — Mares et étangs, très commun au printemps. Le Creusot, Autun, Saint-Julien (Pierre)

Hydaticus Leach.

H. seminiger de G. — Commun partout, mai et septembre, dans les mares et étangs.

H. transversalis F. — Assez commun, mai, étangs et mares.

Colymbetes Clair.

C. fuscus L. — Etangs et mares, printemps et automne (AC). Autun, Mâcon. Mai (Guérin).

C. pulverosus Sturm. — Mares et étangs. Mai et septembre. Autun; Mâcon, en septembre (Guérin), Saint-Julien (Pierre).

Ilybius Fr.

I. ater de G. — Mares, étangs, rivières. Commun partout.

I. guttiger Gyll. — Dans les mares au printemps (R).

I. fenestratus F. — Mares et étangs. Mai et septembre (AC). Autun, Mâcon (Guérin).

I. fuliginosus L. — Très commun partout, dans les mares et étangs, dès les premiers jours du printemps.

Agabus Leach

A. chalconotus Panz. — Le Creusot, dans les mares (R), Mâcon (Guérin).

A. bi-punctatus F. — Très commun toute l'année, partout, dans les eaux stagnantes.

A. conspersus Marsh. — Eaux saumâtres. Avril et mai (AR). Antully, près Autun!

A. Sturmi Gyll. — Le Creusot, (Marchal).

A. brunneus F. — Ruisseaux et mares d'infiltration. Mai (AR). Les Revirets! Les Ruets! près Autun.

A. maculatus L. — Commun, tout l'été partout, dans les ruisseaux, eaux courantes et étangs.

A. didymus Ol. — Assez répandu dans les mares et eaux courantes, tout l'été, dès le mois de mars. Bois de Chantal! Le Creusot.

A. paludosus Gyll. — Eaux courantes et marais alimentés; tout l'été (AR). Montagne de Montjeu!

A. agilis Aubé. — Le Creusot (RR) (Marchal). St-Julien, un seul sujet, eu novembre, sous une pierre dans un ruisseau à Terzé (Pierre).

A. guttatus Payk. — Sources, ruisseaux, eaux d'infiltrations, de mars à octobre (AR). Autun, Le Creusot, Saint-Julien (Pierre).

A. bi-guttatus Ol. — Ruisseaux et mares. Mai (AR).

A. bi-pustulatus L. — Très commun partout, tout l'été, dans les eaux stagnantes et courantes.

Noterus Clair.

N. crassicornis F. — Eaux stagnantes au printemps (AR).

N. sparsus Marsh. — Mâcon! Mai (Guérin), Saint-Julien (Pierre), Le Creusot. Commun dans les mares.

Laccophilus Leach.

L. hyalinus de G. — Eaux courantes et mares alimentées, tout l'été (AC). Autun, Mâcon (Guérin).

L. minutus L. — Commun partout, dans les eaux stagnantes, tout l'été.

2e FAMILLE HYDROPORIDÆ

Hydroporus Clair.

H. geminus F. — Très commun partout, toute l'année, dans les mares et rivières à fond de graviers et dans les bassins de nos jardins.

H. flavipes Ol. — Toute l'année dans les mares, les étangs, les petites fontaines (C). Laizy! Montjeu! Mont-d'Arnaud! Le Creusot.

H. dorsalis F. — Etangs, mares et petites sources des bois, dès les premiers jours du printemps et tout l'été (R). Bois de Chantal! près Autun.

H. tristis Payk. — Mares et sources froides des bois, dès la fin de l'hiver R). Environs d'Autun, Gueunand! Montjeu!

H. elongatulus Sturm (RR). — Je n'en possède qu'un exemplaire pris en mars dans un petit étang à Montjeu.

H. pubescens A. — Commun partout, tout l'été dans les eaux stagnantes.

H. planus F. — Se trouve avec le précédent dans les mêmes conditions (CC).

H. nigrita Sturm. (*neuter* Fair.) — Printemps et automne dans les mares sous bois (AC). Environs d'Autun, Mâcon (Guérin), Le Creusot, commun dans les mares herbeuses.

H. marginatus Duft. — Etangs, eaux courantes, printemps et automne (AC).

H. lituratus Brüll (*xanthopus* Steph.). — Deux exemplaires venant d'une pièce d'eau du château de Mont-d'Arnaud (J. Deseilligny) (RR).

H. palustris L. (*6-pustulatus* F., *lituratus* Panz.). — Dans toutes les eaux stagnantes ; très commun toute l'année. Etang ! Antully ! Montjeu ! Saint-Germain (Pierre).

H. halensis F. — Voisinage des rivières, ruisseaux, terrains inondés, mares (C), printemps et automne. Laizy, bords de l'Arroux! Montjeu! Le Creusot, Mâcon (Guérin).

H. lineatus Bed (non Fabricius 1775) Le Dyt. *lineatus* Fab. n'a rien de commun avec cette espèce; ce serait, d'après Drapiez, un *Cœlambus*. D'après Schaum, qui a vu les types de la collection de l'auteur, et indiqués de l'Alsace, ce serait l'*hydroporus alpinus* Gyll. Cette espèce n'est pas rare au printemps dans les mares.

H. lepidus Ol. — Espèce commune dans les petites mares et les sources; tout le département; été.

H. inæqualis F. — Commun partout dans les mares, de mars à octobre.

H. pictus F. — Mares, ruisseaux herbeux, souvent dans les bois (AC). Tout l'été. Saint-Emiland! Le Creusot.

H. reticulatus F. — Mâcon! Collection Guérin.

Hyphydrus Illig.

H. variegatus A. — Mâcon. Collection Guérin.

H. ferrugineus L. — Mâcon! Collection Guérin. Le Creusot (Marchal).

3e FAMILLE PELOBIDÆ

Pelobius Sch.

P. Hermanni F. — Le Creusot, dans les mares (R). Capturé sous un tas de plantes aquatiques qu'on avait retirées du canal du Centre, à Digoin (Pierre).

4e FAMILLE HALIPLIDÆ

Haliplus Latr.

H. lineatocollis Marsh. — Commun dans les eaux stagnantes en août et septembre. Le Creusot, Autun, usine des Ruets! Mâcon (Guérin).

H. ruficollis de G. — Un peu plus rare que le précédent, avec lequel il se trouve dans les mêmes localités et aux mêmes époques. Saint-Julien, commun dans les mares (Pierre).

H. flavicollis Sturm. — Bords des rivières, étangs et mares (C), automne surtout. Montjeu! Saint-Didier! Le Creusot, Mâcon.

H. *confinis* Steph. — Mâcon, collection Guérin.

H. *fluviatilis* A. — Id. Id. en septembre

H. *mucronatus* Steph. — Mâcon, collection Guérin.

H. *fulvus* F. — Eaux stagnantes, quelquefois l'hiver, mais surtout aux premiers jours du printemps. Autun, Le Creusot.

H. *variegatus* Sturm. — Mâcon, en septembre (Guérin).

Brychius Thoms.

B. elevatus Panz. — Le Creusot, dans les mares (R).

Cnemidotus Illig.

C. cœsus Duft. — Le Creusot, assez commun dans les mares (Marchal), Mâcon (Guérin).

5e FAMILLE GYRINIDÆ

Petits coléoptères très agiles que l'on trouve en bandes nombreuses dans les petits ruisseaux et les bassins, où ils se livrent, en plein soleil et à la surface de l'eau, à des rondes vertigineuses, d'où leur nom vulgaire de *tourniquets*.

Gyrinus Geoff.

G. bicolor F. — Mâcon, collection Guérin.

G. distinctus A. — Eaux courantes, commun, d'avril à septembre.

G. natator L. — Eaux courantes et stagnantes, assez commun de mars à octobre. Autun, Saint-Julien, étangs et ruisseaux (C) (Pierre).

G. marinus Gyll. — Le Creusot, commun dans les eaux tranquilles.

G. minutus F. — Mesvres, avril 1882 (RR) (Marchal).

Orectochilus Laed.

O. villosus Illig. — Rivières, ruisseaux, étangs; souvent sous les pierres et les plantes immergées (AR), mai à septembre. Autun, Montjeu! Le Creusot; Chalon, dans les prairies en passant le filet dans l'eau sur les bords herbageux (Peragallo).

4e TRIBU — PALPICORNES

Les insectes de cette tribu ne sont pas tous aquatiques; quelques-uns vivent dans la vase, les matières excrémentielles; d'autres dans les champignons. Ils doivent leur nom à la longueur extraordinaire de leurs palpes.

1re FAMILLE HYDROPHILIDÆ

Limnebius Leach.

L. truncatellus Thunb. — Ce petit insecte vit dans les eaux courantes où il est presque toujours accroché aux plantes ou aux pierres sur les bords. Le mâle est presque deux fois plus gros que la femelle. Ruisseaux et torrents, dans les terrains froids et accidentés. Creuse d'Auxy (AC)! de juin à septembre. Le Creusot, eaux stagnantes et mares des bois.

L. sericans Mls. — Le Creusot, endroits humides (R).

Berosus Leach.

B. æriceps Curt. — Le Creusot, commun sous les détritus au bord des étangs.

B. luridus L. — Dans le canal du Centre à Digoin (Pierre).

Hydrophilus Geoff.

H. piceus L. — Etangs et marais, endroits herbeux. Un de nos plus grands coléoptères. Mai, juin et septembre (AC). Répandu dans tout le département.

Hydroüs Brull.

H. caraboïdes L. — Flaques d'eaux stagnantes, au printemps. Environs d'Autun (AR)! Le Creusot, mares et étangs (R); Mâcon (Guérin); Digoin, dans une mare en avril (R) (Pierre).

Hydrobius Leach.

H. fuscipes L. — Commun sous les détritus et les pierres, au bord des mares; en le trouve souvent hors de l'eau : de mai à septembre. Autun, Mâcon (Guérin), St-Julien (Pierre).

H. nigroæneus J. Sahlb. — Mares et sources froides, de mars à septembre. Bois des environs d'Autun (R)! Le Creusot (C). D'après le Dr Regimbart, cette espèce est presque toujours confondue avec l'Hydrob. *æneus;* celle-ci, propre à la région méditerranéenne, se distingue par les palpes et pattes roux (Marchal).

H. limbatus F. — Sources et fossés d'écoulement des eaux, terrains froids et accidentés. Très commun partout.

H. globulus Payk. — Mêmes localités que le précédent, mais un peu moins commun.

Helochares Mls.

H. lividus Forst. — Eaux stagnantes, parties calmes des rivières, printemps et automne. Autun, Le Creusot, Mâcon (Guérin), Saint-Julien, dans une mare (Pierre).

Philhydrus Sol.

P. marginellus F. — Eaux stagnantes, terrains froids, avril (AR). Autun, Mâcon (Guérin).

P. melanocephalus Ol. — Mâcon, collection Guérin.

Laccobius Er.

L. alutaceus Thoms. — Eaux stagnantes ou courantes, surtout dans les terrains froids. Mai (AR).

L. minutus L. — Mares et eaux courantes, terrains froids, mars-avril; très répandu partout.

L. nigriceps Thoms. — Eaux stagnantes ou courantes à fond de sable, mars-avril; aussi commun que le précédent.

L. sinuatus Motsch.— Regardé par Erichson comme le type, dont le *nigriceps* Thoms ne serait qu'une variété; mais, d'après MM. Reitter et Weise, ce dernier insecte est le même que le type *sinuatus* Motsch.

L. bi-punctatus Thoms. — Mâcon, collection Guérin (RR), dans les mares froides.

Chœtarthria Wat.

C. seminulum Payk. — Bord des eaux stagnantes, dans les berges et parmi les détritus. Mai (AR). Creuse d'Auxy! près Autun.

2° FAMILLE SPHÆRIDIDÆ

Cryptopleurum Mls.

C. atomarium Ol. (nec F). — Bouses de vaches, fumiers, champignons, tout l'été ; très commun partout.

C. Vaucheri Tourn. — Bouses, fumiers et détritus végétaux ; mars (RR). Autun ! Mâcon ! (Guérin).

Megasternum Mls.

M. boletophagum Marsh.— Détritus végétaux, champignons, fumiers (C), toute l'année. Autun; Mâcon (Guérin).

Cercyon Leach.

C. hæmorrhoïdale F. — Vase humide au bord des eaux, sous les pierres ou les détritus. Mars à septembre. Très commun partout.

C. aquaticum Steph. — Collection de M. Lacatte.

C. obsoletum Gyll. — Sous écorces et débris végétaux. Le Creusot (R); Saint-Julien, dans les bouses (Pierre).

C. laterale Marsh. — Détritus, cadavres, excréments (AC); printemps. Les Revirets! Le Creusot.

C. hæmorrhoüm Gyll. — Très commun partout, presque toute l'année dans la vase humide au bord des eaux et surtout sous les détritus.

C. anale Payk. — Un seul sujet trouvé l'hiver en tamisant des détritus (RR).

C. pygmæum Illig. — Commun partout, l'été, dans les crottins, bouses et fumiers.

C. melanocephalum L. — Aussi commun que le précédent, l'été, dans les crottins.

C. quisquilium L. — Mêmes localités, commun partout.

C. unipunctatum L. Dans les fumiers de basse-cour surtout; se prend souvent au vol près des habitations; de mars à juillet (AC). Paris-l'Hôpital! Saint-Sernin! Mâcon (Guérin)

C. centrimaculatum S. *(pulchellum* Herr).— Crottins et détritus ; hiver et printemps. (AC).

C. flavipes F. — Excréments des herbivores ; assez commun de mars à juin. Autun ! Le Creusot. Cet insecte est le même que le *C. hœmorrhoïdale* F. 1775. (Bedel, Bull. Société entom. Fr. 1881.)

C. plagiatum Er. — L'été dans les crottins. (R).

NOTA.— Le *Cercyon minutum* F est synonime de *Cryptopleurum atomarium* Ol (nec Fabr).

Sphæridium F.

S. scarabæoïdes L.— Commun partout l'été dans les bouses. La var. *lunatum* F a été trouvée à Saint-Julien par M. Pierre, instituteur ; Creusot (Marchal).

S. bi-pustulatum F. — Comme le précédent.

Le *S. striolatum* Herr n'est qu'une monstruosité du *scarabæoïdes*, trouvée en Suisse, et le *S. testaceum*, Herr, n'est que la variété *marginatum* F, immature, du *bipustulatum* F.

Cyclonotum Er.

C. orbiculare F. — Commun partout au bord des eaux, de mai à juillet.

3e FAMILLE HELOPHORIDÆ

Helophorus F.

H. rugosus Ol. — Le Creusot, dans les mares herbeuses (R). Chalon, sous les débris des inondations (Peragallo).

H. nubilus F. — Au pied des plantes, allées humides. Autun (R). Le Creusot (C), sur le sable et sur plantes aquatiques.

H. aquaticus L. — Eaux stagnantes, mares bourbeuses, commun partout.

H. dorsalis Marsh. — Eaux courantes, dans les terrains

découverts, presque toute l'année (AC). Autun! Mâcon (Guérin).

H. obscurus Mls. — Eaux stagnantes, très commun partout.

H. granularis L. — Eaux stagnantes et surtout dans les mares froides et sous bois; printemps et automne (AC). Autun! Mâcon, Creusot.

La var. *minutus* Ol. a été prise à Mâcon par notre collègue, M. Guérin.

H. æneipennis Thoms *(granularis,* var. *obscurus* Mls).— Le Creusot, eaux stagnantes (C).

H. rugosus Ol. — Terrains humides et sablonneux, au pied des plantes. Le Creusot (AC)! Buxy ! (Cartier).

Hydrochus Leach.

H. brevis Herbst. — Le Creusot (C).

H. elongatus Schall. — Mares et fossés, terrains froids. Juillet à septembre (AC). Le Creusot, Saint-Julien (Pierre). Autun, usine des Ruets!

H. nitidicollis Mls. — Mares et fossés d'eau stagnante. Juillet à septembre; plus rare que le précédent.

H. angustatus Germ. — Creusot (R).

Ochthebius Leach.

Petits insectes à démarche lente et embarrassée, qui vivent dans les eaux des ruisseaux, des torrents, des rivières, cramponnés aux plantes aquatiques, aux pierres des rives, aux objets flottants.

O. lividipes Fairm. — Creuse d'Auxy! près Autun, sous les pierres du ruisseau. Août et septembre (C).

O. foveolatus Germ. — Eaux courantes dans les montagnes, attaché aux pierres du rivage. Juillet à septembre (C).

O. crenulatus (MR). — Tournus. (Faune de Fairmaire.)

O. pygmæus F. — Mâcon (Guérin).

Hydræna Kugel.

Petits coléoptères remarquables par la longueur de leurs

palpes maxillaires ; ils ont les mêmes habitudes que ceux du genre précédent. Pour les capturer en nombre, il suffit de déplacer violemment avec un bâton les pierres des bords d'un ruisseau, les *Hydrœna* viennent nager au-dessus de l'eau ; on les recueille avec un petit filet.

H. riparia Kugel. — Mares et ruisseaux, sous les pierres. Juillet et août (AR).

H. rugosa Mls. — Comme le précédent ; se trouve souvent en nombre.

H. nigrita Germ. — Surtout dans les eaux courantes, les ruisseaux des montagnes. Juillet à septembre (R).

H. polita Knv. — Dans les mêmes ruisseaux que le précédent ; été (C).

H. flavipes Sturm. — Eaux courantes et stagnantes, terrains froids, régions accidentées. Juin, juillet, août (AR).

H. gracilis Germ. — Comme le précédent.

H. producta Mls. — Avec l'Hyd. *polita* (C).

5e TRIBU — CLAVICORNES

PREMIÈRE PARTIE

1er GROUPE. — Clavicornes Omnivores.

1re FAMILLE HETEROCERIDÆ

Cette famille comprend des insectes fouisseurs, qui vivent dans les sables humides et la vase, volent à la façon des Cicindèles et font entendre un petit bruit lorsqu'ils courent.

Heterocerus F.

H. marginatus F. — Dans les sables qui bordent la Loire à Digoin ; été (AC), (Viturat). Le Creusot (Marchal).

H. lœvigatus Panz. — Dès la fin de mai, cet insecte et le précédent se trouvent, par places, dans le sable fin, encore mouillé, des bords de la Loire. Dès qu'on a découvert un endroit contenant cet insecte, on piétine le sable, et les Hétérocères sortent par bandes et s'envolent. (Abbé Viturat.) Saint-Julien (Pierre). – Etang de Torcy (C), (Marchal).

2e FAMILLE PARNIDÆ

Parnus F.

P. prolifericornis F. — Très commun partout sous les détritus au bord des eaux et sur les plantes qui bordent les mares et les ruisseaux. Tout l'été.

P. auriculatus Illig. — Collection de M. Lacatte.

3e FAMILLE ELMIDÆ

Petits coléoptères bronzés à élytres striées, sillonnées ou côtelées, vivant dans l'eau, mais ne nageant pas. Ils aiment les courants rapides, restant accrochés aux plantes, aux pierres couvertes de conferves.

Lareynia du V.

L. Maugeti Latr. — Sous les pierres, dans les ruisseaux des montagnes des environs d'Autun. Juillet, août (AR).

L. æneа Müll. — Se prend avec le précédent, mais il est beaucoup plus commun.

Elmis Latr.

E. *Volkmari* Müll. — Dans les ruisseaux et torrents. Août et septembre (AR). Ruisseau des Revirets! près Autun. Saint-Julien (Pierre).

Esolus Mls

E. parallelipipedus Müll. — Très commun sous les pierres

des ruisseaux de la Creuse d'Auxy! et des Revirets! pendant l'été.

Dupophilus Mls.

D. brevis Mls. — Sous les pierres du ruisseau des Revirets! deux exemplaires trouvés au mois d'août (RR).

Stenelmis Dufr.

S. canaliculatus Gyll. — Dans la Grosne (Saône-et-Loire), craponné aux racines des arbres dans l'eau. *(Uncifères,* de Mulsant.)

Macronychus Müll.

M. 4-tuberculatus Müll. —« Nous l'avons pris dans la Grosne (Saône-et-Loire), cramponné aux branches ou racines des arbres plongées dans l'eau. » (Mulsant, *Uncifères.)*

4e FAMILLE BYRRHIDÆ

Les Byrrhiens sont très remarquables par leur corps court, ovalaire, très épais. Les pattes sont entièrement contractiles, les jambes se replient sur les cuisses et les tarses sur les jambes, de sorte qu'au moindre danger ces insectes contrefont le mort et demeurent immobiles, semblables à de petites pilules. On les trouve dans les endroits secs et sablonneux, sur les routes; quelques-uns affectionnent les bouses desséchées.

Byrrhus L.

B. pilula F. — A terre, dans les endroits secs et sablonneux, sur les routes; quelquefois il grimpe au sommet des graminées et on le prend en fauchant; été (AC). Le Creusot, Autun! Couches-les-Mines! Saint-Julien, sous la mousse dans les bois en avril (Pierre).

B. similaris Mls. — Mâcon, collection Guérin?

B. ornatus Panz. — Mâcon, collection Guérin?

B. dorsalis F, avec le *pilula.* — Sous la mousse dans les bois. Saint-Julien (Pierre).

B. fasciatus F, var. *arietinus* Steff. — Un exemplaire pris au Creusot sur un plateau, 25 mai 1882 (Marchal) (RR). Mâcon (Guérin). Saint-Julien, au vol au mois de juillet (Pierre).

Syncalypta Steph.

S. spinosa Ross. — Un exemplaire trouvé daus des détritus, pris sur les bords de l'étang de Torcy et qui m'avaient été envoyés du Creusot par M. Marchal (R).

Cytilus Er.

C. varius F. — Sur le sable ou dans les plaies des arbres, Le Creusot, peu commun (Marchal). Mâcon (Guérin).

Morychus Er.

M. nitens Panz. — Sous les pierres et dans le sable. Juillet, août (AR).

Nosodendron Latr.

N. fasciculare Ol. — Collection de M. l'abbé Lacatte (R). Commun dans les plaies des ormes à Saint-Marcel, Crissey (Peragallo).

5e FAMILLE DERMESTIDÆ

Anthrenus Geoff.

Les larves de ces petits insectes causent les plus grands dégâts ; armées de fortes mandibules, elles détruisent promptement tout ce qu'elles attaquent, le bois, l'écaille et même le calcaire grossier (Desmarest). La larve de l'*Anthr. varius* attaque les insectes desséchés en collection et quelquefois les pelleteries.

A. scrophulariæ L. — Sur certaines fleurs, en été ; très commun partout.

A. pimpinellæ F. — En familles nombreuses sur les fleurs. Mai et juin ; aussi commun que le précédent.

A. verbasci L. — On le rencontre trop souvent dans les collections. (Pestis collectionum, M. Girard.)

A. musœorum L. — Même habitat. (C).

A. fuscus Ol. — Mâcon (Guérin).

Trogoderma Latr.

T. nigra Herbst. — Assez commun sur les pousses des vieux arbres, chênes et châtaigniers, juin-août. Creusot.

T. elongatula F *(Fuscicornis* Muls). — Mâcon ! (Guérin).

Megatoma Herbst.

M. undata L. — Dans les plaies des arbres au printemps et en automne ; l'hiver dans les mousses qui tapissent les chênes (AR). Autun! Le Creusot; Saint-Julien (Pierre).

Tiresias Steph.

T. serra F. — Collection de M. l'abbé Lacatte (R).

Dermestes L.

Genre très nuisible ; ces insectes s'attaquent à toutes les matières animales sèches ; le *lardarius* abonde dans les charcuteries mal tenues ; le *vulpinus* cause de grands dommages dans les pelleteries. Le *Derm. ater*, seul, se nourrit de matières végétales ; on le trouve dans les plaies des noyers. On rencontre le *Derm. bicolor* dans les vieux nids de moineaux.

D. vulpinus F. — Sous les petits cadavres, taupes, crapauds, couleuvres ; été (AR). Le Creusot ; Saint-Julien (Pierre). Il se distingue des autres Dermestes par la petite épine placée à l'angle sutural des élytres.

D. Frischii Kugel. — Même habitat., l'été. Le Creusot.

D. murinus L. — Sous petits cadavres, mai à septembre (AR). Le Creusot, Autun!

D. tesselatus F. — Pas rare dans les maisons.

D. undulatus Brahm. — Mâcon (Guérin). Creusot (Marchal); toute une famille dans une coquille d'escargot mort; Saint-Maurice-les-Couches, septembre (Marchal).

D. mustelinus Er. — Mars et avril, Dans les nids de chenilles processionnaires, où la larve vit en hiver et se nourrit des dépouilles des chenilles (R).

D. laniarius Illig. (AC). — Sa larve se trouve sous les feuilles du Bouillon blanc (Verbascum Thapsus).

D. lardarius L. — Très commun partout, l'été, sur le lard, les matières animales desséchées. Ce dermeste ravage aussi les fourrures (Peragallo).

Attagenus Latr.

A. 20-guttatus F. — Dans des plaies de cerisiers, au mois de juin. Le Creusot (R).

A. pellio L. — Véritable fléau pour les pelleteries, les étoffes de laine. Trop commun l'été dans toutes les maisons.

A. piceus Ol. — Sur les fleurs et dans les maisons, l'été (C). Le Creusot, Mâcon! (Guérin).

6e FAMILLE MYCETOPHAGIDÆ

Insectes de petite taille, oblongs, qui vivent généralement dans les champignons, les moisissures, sous les écorces des arbres morts.

Mycethophagus Heler.

M. 4-pustulatus L. — Sous les écorces de chêne, l'hiver surtout (AC). Autun! Le Creusot; Saint-Julien, dans des bolets, au pied des ormes (Pierre).

M. piceus F. — Sous les écorces et dans les chênes cariés. Juin (AR). Le Creusot, Autun! Saint-Julien (Pierre), dans du bois pourri.

M. atomarius F. — L'hiver, sous les écorces de chêne surtout (R). Le Creusot. Scierie de Mont-d'Arnaud! (J. Deseilligny.)

M. multipunctatus Hel. — Avec le précédent, scierie de Mont-d'Arnaud! (J. Deseilligny) (AC); l'hiver. Brion! en juillet, sous écorce d'un tronc de poirier. Mâcon (Guérin).

Triphyllus Latr.

T. suturalis F. — L'hiver sous des écorces, dans un chantier (R).

Litargus Er.

L. bifasciatus F. — Très commun toute l'année sous les écorces et dans les plaies des arbres; excessivement agile et difficile à saisir quand il fait chaud. Le Creusot; Autun!

Typhæa Curt.

T. fumata L. — Environs d'Autun, sous les écorces de platane, l'hiver; assez commun. Mâcon (Guérin).

7e FAMILLE BYTURIDÆ

Byturus Latr.

B. sambuci Scop. — Commun partout, en mai et en juin, sur les fleurs de sureau. Cette espèce n'est qu'une variété du *tomentosus*.

B. tomentosus F. — Sur différentes fleurs, en mai et juin (AC). Autun; Mâcon (Guérin), Le Creusot.

8e FAMILLE TRIPLACIDÆ

Triplax Payk.

T. Russica L. — Environs d'Autun! l'hiver, sous des écorces de platane (R). Le Creusot, dans un creux d'arbre. Saint-Maurice-les-Couches (Marchal).

Tritoma F.

T. bi-pustulatum F. — Dans le bois pourri, dans des champignons, au printemps. Autun; Le Creusot; Saint-Julien (Pierre).

Engis Payk.

E. humeralis F. — Se trouve dans les mêmes localités et les mêmes conditions que le précédent.

9e FAMILLE CRYPTOPHAGIDÆ

Coléoptères de petite taille, nombreux en espèces et vivant dans les Lycoperdons, les végétaux en décomposition, les champignons. On les trouve dans les endroits obscurs, caves et celliers, et plus rarement sur les fleurs.

Antherophagus Latr.

A. silaceus Herbst. — Saint-Julien (Pierre).

Spavius Mots.

S. glaber Gyll. — Bois des Revirets! en tamisant des détritus, l'hiver (R).

Cryptophagus Herbst.

C. lycoperdi Herbst. — Très commun partout, dans les Lycoperdons, toute l'année. Commun dans les galeries des puits eu Creusot, sur les bois d'étais, à la profondeur de 300 mètres; c'est le seul coléoptère qu'on y trouve en compagnie d'un petit arachnide.

C. saginatus Sturm. — Dans les détritus végétaux, l'hiver (R). Autun! Mâcon! (Guérin).

C. scaninus L. (*patruelis* Sturm).— Très commun, l'été surtout, sur les vieux bois. Autun! Mâcon! (Guérin).

C. cellaris Scop. — Commun partout, toute l'année, dans les caves un peu humides, sur les tonneaux.

C. pubescens Sturm. — Mâcon, collection Guérin.

C. pilosus Gyll. — Mâcon, collection Guérin.

C. acutangulus Gyll. — Dans les maisons, les magasins, les vieux arbres (AC).

C. dentatus Herbst. — L'été dans les jardins; très répandu partout.

C. bicolor Sturm. — Dans les vieux bois, les vieux fagots, toute l'année (C). Autun! Mâcon (Guérin).

C. vini Panz. — Deux exemplaires trouvés sur de vieux bois pourris dans une cave (R).

Paramecosa Curt.

P. melanocephala Herbst. — Bords de l'Arroux! Autun, dans des détritus d'inondations. Mois de mars (R).

Atomaria Steph.

A. pulchra Er. — Belle espèce trouvée, au mois de juillet, dans mon jardin, dans le terreau des couches à melons (R).

A. mesomelas Herbst. — Sur les tonneaux dans les caves, dans les détritus de couches à fleurs, au pied des vieux murs au printemps. Peu rare. Autun! Mâcon (Guérin).

A. nigripennis Payk. — Commun dans les détritus végétaux, hiver et été; dans les vieux toits en chaume.

A. apicalis Er. — L'hiver dans les jardins, au pied des arbres verts, surtout des Thuyas, dans les détritus tamisés (AC).

A. gravidula Er. — Tamisage de détritus végétaux, au printemps (R).

A. pusilla Payk. — Même habitat. Châtaigneraie des Revirets! très commun en novembre et décembre, sous les feuilles (Cartier). Saint-Maurice-les-Couches (Marchal).

A. analis Er. — Dans le terreau de couches à melons, l'été (R).

A. ruficornis Marsh. — Dans les détritus (AC).

A. gutta Steph. — Saint-Maurice-les-Couches (Marchal)

Epistemus Westn.

E. globosus Walt. — Dans le tamisage de détritus provenant des forêts, surtout l'hiver (AC).

E. gyrinoïdes Marsh (*globulus* Payk). — Assez commun dans les détritus des jardins et des forêts et sous les éclats de bois que l'on trouve à terre dans les coupes, au printemps. Autun! Mâcon (Guérin).

Alexia Steph.

A. pilosa Panz. — Pas rare l'hiver dans le tamisage de détritus recueillis au pied des châtaigniers. Les Revirets! près Autun. L'été, sous la mousse dans les grands bois.

A. pilifera Müll. — Même habitat. Automne (RR). Saint-Maurice-les-Couches, dans du bois pourri (Marchal).

Symbiotes Redt.

S. pygmæus Hamp. — Sous les écorces de platanes, en novembre et décembre. Ornez! près Autun (AR), sous détritus de forêts.

Mycetæa Steph.

M. hirta Marsh. — Sur les pieux de chêne enfoncés en terre; sur les tonneaux dans les caves humides, et en général dans des endroits sombres, sur des bois coupés. Très commun partout, toute l'année.

Myrmekixenus Chevl

M. subterraneus Chevl. — Rencontré dans les détritus l'hiver, avec l'*Alexia pilosa* (AR).

10e FAMILLE TELMATOPHILIDÆ

Telmatophilus Heer.

T. typhæ Fall. — Le Creusot (Marchal) (R). Autun. Bords de l'Arroux! sous détritus d'inondations, mars (AR).

11e FAMILLE LATHRIDIDÆ

Petits insectes que l'on rencontre dans les substances végétales décomposées, les vieux chaumes des toitures, sous les écorces, sous les mousses, dans les petits cryptogames, dans les maisons.

Langelandia A.

Pour prendre des Langelandia, on plante dans un jardin des pieux en chêne avec leur écorce; on les retire après cinq ou six mois, on les secoue sur un tamis; on tamise même la terre qui les entourait et, dans le produit du tamisage, on trouve ces petits coléoptères, à couleur sombre, à démarche lente.

L. anophthalma A. — Trouvé en hiver, par M. l'abbé Lacatte, dans des détritus provenant du jardin du grand séminaire d'Autun (RR).

Lathridius Illig.

L. angusticollis Hümm (*Pandellei* Bris). — Très commun partout, toute l'année, dans les habitations, les celliers, les détritus, les vieux chaumes, etc.

L. angulatus Mannh. — Aussi commun que le précédent, même habitat.

Coninomus Thoms.

C. nodifer Westn. — Très belle espèce, que l'on rencontre partout, toute l'année, sur les tonneaux dans les caves, dans les vieux chaumes, sous les écorces de toute espèce d'arbres, dans les détritus des jardins.

Enicmus Thoms.

E. minutus L (*assimilis* Mannh, *scitus* Mannh). — Dans les détritus, au pied des arbres des jardins, toute l'année (AC). Autun; Mâcon (Guérin). Le Creusot, au plafond des maisons, dans les vieux bois.

E. transversus L. — Même habitat, assez commun toute l'année.

E. testaceus Steph (RR). — Deux sujets trouvés, en décembre 1883, dans des détritus de jardins.

E. carbonarius Mannh (*brevicornis* Mannh). — Un seul exemplaire trouvé en même temps que le précédent, (RR).

Cartodere Thoms.

C. elongata Curt (*clathrata* Mannh). — Très commun l'hiver dans les détritus et surtout dans les fourmillières construites avec des aiguilles de pins ou de sapins.

C. ruficollis Marsh (*lilliputana* Villa, *collaris* Mannh). — Très belle espèce, qu'on trouve très communément dans les détritus des jardins l'hiver.

Dasycerus Brongn.

D. sulcatus Brongn. — Assez commun l'hiver dans les détritus provenant de châtaigneraies. Les Revirets! Le Creusot! (RR); pris un seul sujet le 1er juin, entre des madriers de chêne, nouvellement sciés, au bois de Torcy, en compagnie de nombreux *Omias pellucidus* (Marchal). Mesvres! 25 mai 1885, entre les feuillets d'un champignon ligneux (Marchal et Fauconnet).

Corticaria Marsh.

C. pubescens Illig. — Commun dans les détritus, dans les toits de chaume, toute l'année.

C. crenulata Gyll. — Mâcon, collection Guérin.

C. impressa Ol. — Mâcon, collection Guérin.

C. fulva Com. — Dans le terreau des couches, l'hiver (AR).

C. elongata Hüm. — Sous les feuilles, au pied d'un Thuya, l'hiver (AC).

C. fuscipennis Marsh. — Mâcon (Guérin).

C. foveola Beck. — Les Revirets! près Autun, dans des détritus de forêts en novembre et décembre.

Corticarina Reit.

C. gibbosa Herbst (*cylindricollis* Mots). — Dans la mousse des troncs d'arbres, dans les détritus (CC), toute l'année. Autun! Mâcon, Le Creusot.

C. transversalis Gyll. — L'hiver dans les détritus (AR). Autun! Mâcon.

C. fuscula Hüm. — Je n'ai trouvé que la var. *3-foveolata* Redt en tamisant des détritus l'hiver (R). Saint-Maurice-les-Couches, dans des lierres, avec le type (Marchal).

12e FAMILLE MONOTOMIDÆ

Monotoma Herbst.

M. formicetorum Thom (*angusticollis* Gyll.) — Très commun partout l'hiver, dans les grosses fourmilières des bois.

M. angusticollis Thom (*conicicollis* A). — L'été dans le terreau des couches, dans les détritus de jardins et dans les nids de *Formica rufa* (CC). Autun! Le Creusot! (Marchal et Cartier).

M. brevicollis A. — Dans le fumier des écuries et des couches à melons, l'été (AC).

M. 4-collis A. — Dans les détritus de végétaux contenant des matières animalisées, dans le terreau ; toute l'année. (AC). Mâcon! Autun!

M. 4-foveolata A. Mots. — Sous détritus de jardins, sous tiges sèches d'asperges, l'hiver. Autun! (R).

M. picipes Herbst. — L'été sous détritus de jardins et dans le terreau de couches à melons. Je le trouve souvent dans les tiges sèches de choux en compagnie de *Falagria, Autalia*, etc. (CC).

M. longicollis Gyll (*flavipes* Kunz). — Même habitat, mais très rare.

13e FAMILLE CUCUJIDÆ

Les coléoptères qui composent cette famille ont le corps plus ou moins allongé et aplati, et quelquefois même à un degré considérable. Ils vivent sous les écorces, dans le bois en décomposition, dans les grains de blé, de riz et autres conserves végétales.

Sylvanus Latr.

S. frumentarius F. — Dans les grains de blé, les figues sèches, le riz, quelquefois sous les écorces, mais rarement (C); toute l'année.

S. bidentatus F. — Sous les écorces de chêne. Le Creusot, Saint-Julien.

S. unidentatus F. — Sous les écorces d'arbres variés, mais surtout du chêne et du hêtre; très commun partout, toute l'année.

Pediacus Shuk.

P. depressus Herbst. — Sous l'écorce d'un arbre à la Tagnière (Cartier) (RR).

Læmophlæus Er.

L. monilis F. — Un seul exemplaire pris au vol à Digoin, à l'entrée d'une maison, par M. l'abbé Viturat (RR).

L. nigricollis Luc. — Sous des écorces de hêtre, au mois d'octobre. Le Creusot (R).

L. *ferrugineus* Steph. — Très commun sous les écorces et dans les détritus.

L. ater Ol. — Sous des écorces de genévriers morts. Mois de septembre (RR). Le Creusot, Autun!

L. alternans Er. — Mâcon, collection Guérin.

L. corticinus Er. — Le Creusot (Marchal).

Brontes Er.

B. planatus L. — Très répandu partout, toute l'année, sous les écorces, celles de chêne surtout. Se prend au vol, mais rarement. Le mâle a une corne grêle, arquée, très aiguë, en dehors de chaque mandibule.

14° FAMILLE COLYDIDÆ

Diodesma Latr.

D. subterranea Er. — Mâcon (Guérin). Autun, en automne, sous feuilles et détritus des forêts (AC). Châtaigneraie des Revirets!

Colobicus Latr.

C. emarginatus Lat. — Au printemps sous les écorces de châtaigniers morts ou malades (R). Le Creusot! Autun!

Coxelus Sturm.

C. pictus Sturm. — Très commun partout, toute l'année, sous la mousse des arbres, sous les écorces et dans les détritus des forêts, l'hiver.

Bitoma Herbst.

B. crenata F.— Très commun toute l'année, sous les écorces de pins, de chênes, généralement en compagnie de *Brontes planatus*.

Aulonium Er.

A. trisulcatum Fourc. (RR). — Un seul exemplaire trouvé au mois de novembre, dans mon jardin, sous l'écorce d'un acacia malade.

A. bicolor Herbst. — Collection Guérin, Mâcon.

Aglenus Er.

A. brunneus. — Très commun dans les grains avariés, l'hiver.

Cerylon Latr.

C. histeroïdes F. — Sous écorces d'arbres variés, de chêne surtout (C). Le Creusot, Autun!

Colydium F.

C. elongatum F. — Sous écorces de chênes. Le Creusot (RR). Digoin (abbé Viturat), Saint-Julien (Pierre).

15e FAMILLE PELTIDÆ

Trogosita Ol.

T. mauritanica L. — Très commun partout, dans le pain, la farine; a été transporté par le commerce. La larve se nourrit de larves de Calandres et si elle s'attaque aux grains de blé qu'elle perfore, elle ne choisit que ceux qui sont habités par la larve du charançon; en réalité, c'est un insecte très utile.

16e FAMILLE RHIZOPHAGIDÆ

Rhizophagus Herbst.

R. depressus F. — Un seul sujet trouvé à Curgy, sous des écorces (RR). Creusot (Marchal).

R. ferrugineus Payk. — Assez commun sous les écorces, l'hiver. Autun! Le Creusot.

R. perforatus Er. — Mâcon (Guérin).

R. dispar Payk. — Mâcon (Guérin).

R. bipustulatus F. — Très commun dans les plaies des arbres, sous les écorces, toute l'année. Le Creusot! Autun!

R. politus Helw. — Le Creusot, commun au printemps sous les écorces de conifères surtout.

17e FAMILLE NITIDULIDÆ

Insectes généralement petits, qui vivent sur les carcasses d'animaux, dans les champignons, le bois pourri; quelques espèces fréquentent les fleurs, souvent en société *(Meligethes)*.

Pityophagus Shuk.

P. ferrugineus L. -- Le Creusot (Marchal). Rare.

Ips F.

I. 4-guttata F. — Dans les bois et sous les écorces, l'hiver surtout (AC). Autun! Scierie de Mont-d'Arnaud! (J. Deseilligny). Le Creusot, dans les plaies des arbres; peu commun.

I. 4-pustulata L. — Le Creusot (R), sous un champignon, au mois de septembre.

Cryptarcha Shuk.

— *C. strigata* F. — Plaies des arbres, du chêne surtout; commun l'été sur les débris de melons. Le Creusot! Autun!

C. imperialis F. — Sur les débris de melons avec le précédent, mais il est moins commun.

Cybocephalus Er.

C. politus Gyll. — Très commun l'hiver, sous des tiges sèches d'asperges, mises en tas.

Strongylus Herbst.

S. luteus F. — Assez commun l'été sur différentes fleurs.

Pocadius Er.

P. ferrugineus F. — Assez commun l'automne et l'hiver dans les Lycoperdons, avec le *Lycop. bovistæ*. Bois des Revirets et de Gueunan !

Meligethes Steph.

— *M. rufipes* L. — Assez commun au mois de mai sur les fleurs de grosses fraises de jardins, avec le suivant. Le Creusot, Autun.

M. lumbaris Sturm. — Autun, Mâcon.

— *M. æneus* F. — Sur les fleurs de Crucifères, très commun partout aux mois de mai et juin; quelquefois sur fleurs d'aubépine et diverses rosacées. La var. *cœruteus* Marsh a été trouvée à Mâcon (Guérin).

— *M. viridesceus* F. — En familles nombreuses sur les Crucifères; mai, juin (C). Autun, Le Creusot.

M. picipes Sturm. — Assez commun sur différentes fleurs.

M. symphiti Heer. — Mâcon, collection Guérin.

M. substrigosus Er. — Màcon, collection Guérin.

M. tristis Sturm. — Mâcon, collection Guérin.

M. difficilis Sturm. — Mâcon, collection Guérin.

Epuræa Er.

On prend beaucoup de Nitidulaires l'été *(Cryptarcha, Epuræa, Nitidula*, etc.), sur des tranches de melons qu'on laisse sécher au soleil l'été, dans un jardin.

E. limbata F. — Autun, bords de l'Arroux, sous détritus d'inondations; mars (AR).

E. æstiva L. — Pris au parapluie en battant des arbustes (C). Autun, Mâcon.

E. immunda Er. — Sur des tranches de melons avec des *Cryptarcha* (R). Juin, juillet.

E. 10-guttata F. — Dans les plaies des arbres et sous les écorces (AR). Le Creusot, Autun.

E. melina Er. — Le Creusot, commun dans les plaies des arbres en mai et juin. Autun (AR).

E. pusilla Illig. — Le Creusot, plaies des arbres. Mai, juin.

E. longula Er. — Plaies des arbres ou sous écorces (AR).

E. obsoleta F. — Très commun partout sous les détritus.

Pria Steph.

P. Dulcamaræ Illig. — Sur la douce-amère, rare. La larve, assez grosse et à tête rouge, se trouve l'été au fond du tube de la fleur.

Soronia Er.

S. grisea L. — Très commun; plaie des arbres, sous les écorces, toute l'année.

Omosita Er.

O, depressa L. — Le Creusot ! assez rare.

O. colon L. — Sous des détritus (R). Autun, Le Creusot, sous cadavres desséchés; ulcères de vieux arbres, vers les liquides qui en découlent.

O. discoïdea F. — Sur des tranches de melons avec les *Cryptarcha*. Juillet, août (AC).

Nitidula F.

N. bipustulata L. — Très commun l'été sur le lard pendu dans les fermes à la campagne. Le Creusot, Autun! La Grande-Verrière!

N. flexuosa F. — Sur des os desséchés (AR).

N. obscura F. — Un seul exemplaire, habitat inconnu (RR).

N. 4-pustulata F (RR). — Dans les détritus. Mâcon.

Carpophilus Leach.

C· hemipterus L. *(pictus* Heer, *dimidiatus* Heer). — Un exemplaire trouvé au Creusot dans une figue sèche (Marchal) (RR).

C. 6-pustulatus F. — Très répandu partout sous les écorces, l'été.

C. mutilatus Er. — Mâcon? (Guérin).

Anomœocera Shuk.

A. pedicularia L. — Mâcon! collection Guérin, sous détritus d'inondations.

Cercus Latr.

C. rufilabris Latr. — Autun, sous détritus, rare.

Brachypterus Kugel.

B. urticœ F. — Autun, peu commun, sur diverses plantes en fauchant. Le Creusot (C).

B. glaberrimus Payk. — Autun (R), en fauchant dans les prés.

2e GROUPE. — Brevipennes.

Le caractère saillant de cette tribu est la brièveté de leurs élytres. Comme les Carabiens et les Silphiens, ils dégorgent par la bouche une salive âcre, brune et fétide. On les trouve le plus souvent dans les bouses, les fumiers, les excréments, les agarics, les bolets. D'autres se logent dans les fleurs, sous les écorces, sous la mousse, les pierres humides; quelques-uns habitent sur le bord des eaux, dans les cadavres, dans les fourmilières.

1re FAMILLE MICROPEPLIDÆ

Micropeplus Latr.

M. porcatus F. — Sous les vieux bois, les mousses, les feuilles mortes, les détritus des bois; en fauchant le soir dans les prairies des bords de l'Arroux, de mai à septembre (R). Autun, Mâcon.

2e FAMILLE PLŒOCHARIDŒ

Phlæocharis Marsh.

P. subtilissima Marsh. — Sous des écorces de pins, l'été : et l'hiver sous les écorces de platane, assez commun. — Le *P. minutissima* Heer est un *Oligota pusillima*.

3e FAMILLE PROTEINIDŒ

Proteinus Latr.

P. ovalis Steph. — Dans les bolets des bois, les fruits pourris, les fagots et les détritus. Mai à novembre (AC).

P. brachypterus Latr. — Sur les fleurs, dans les mousses, les fagots, les chaumes, les détritus (CC), printemps et automne. Le Creusot, commun à l'automne dans les agarics.

P. macropterus Gyll. — Un exemplaire pris en décembre dans détritus (RR).

Megarthrus Steph.

M. depressus Payk. — Sous les écorces, les bolets, dans les détritus des forêts. Mars et avril (R). Les Revirets! Novembre et décembre.

M. hemipterus Illig. — Juillet, août, sous les fleurs. Le Creusot (R)??

M. affinis Mill. — Sous les mousses, les détritus, les agarics. Janvier, mars, mai, novembre. Châtaigneraie des Revirets! Trouvé en hiver en quantité sous des tiges de petits pois abandonnées dans mon jardin.

M. sinuatocollis Lacd. — Avec le précédent, mais plus rare.

M. denticollis Beck. — Dans des mousses, des détritus de vieux chaumes, en novembre (R).

4e FAMILLE OMALIDÆ

Anthobium Steph.

A. florale Panz. — Fleurs de bruyères et de sorbier dans les montagnes ; printemps et été (AR).

A. limbatum Er. — Bois et prairies des montagnes, fleurs de saules. Mai à juillet (R).

A. torquatum Marsh. — Sur fleurs de genêts. Avril à juillet (AR).

A. abdominale Grav. — Le Creusot, sur fleurs de genêts et d'aubépine, au printemps (AR).

A. ophthalmicum Pk. — Au filet dans les prairies, au printemps (AR).

A. robustum Heer. — Sur différentes fleurs, dans les montagnes, de mai à juillet (R)?

A. impressicolle Ksw. — Un exemplaire, sans indication de localité.

A. longipenne Er.— Un exemplaire trouvé dans des détritus de forêts, en automne (R).

A. Marshami Fauv. — Une seule femelle, en battant des haies d'aubépine, au mois de mai (RR).

A. rectangulum Fauv. — Sur fleurs d'ombellifères, prairies humides des bois et surtout dans les montagnes. Mai, juin (AC).

A. sordidulum Kr. — Les Revirets! assez commun sur fleurs de genêts, au mois de mai.

A. sorbi Gyll. — Sur fleurs de ronces et de valériane (C). Le Creusot.

A. sparsum Fauv. — Forêts de Cluny (Cl. Rey). Espèce alpine.

Omalium Grav.

O. rufipes Fourc. — Sur les fleurs, sous les fumiers, dans les jardins; dans des détritus végétaux; printemps et automne (AC). Autun, Mâcon.

O. iopterum Steph. — Sous écorces de platanes, en hiver; dans détritus végétaux, sur fleurs d'aubépine; février, mai, septembre, octobre (AC). Autun. Dans la mousse au pied des arbres. Le Creusot. Saint-Maurice-les-Couches! (Marchal).

O. amabile Heer. — Le Creusot, commun sous les écorces.

O. testaceum Er. — Commun sur les fleurs de genêts au printemps. Le Creusot.

O. vile Er. — Sous écorces de chênes, novembre et décembre (AR).

O. concinnum Er. — Sous les écorces des pins, dans les détritus des caves, celliers et poulaillers; trouvé sur des grains de riz humides; février à septembre (AR).

O. pusillum Grav. — Sous des écorces de pins au mois d'avril (AC).

O. planum Payk. — Tournus (Cl. Rey).

O. minimum Er. — Sous écorces de chêne (AC). Le Creusot.

O. cæsum Grav. — Dans des détritus végétaux, février (AR).

O. salicis Gyll. — Sous les mousses, l'hiver. Bois des Revirets ! Forêt de Planoise ! (AR).

O. rivulare Grav. — Commun partout, toute l'année, dans les détritus, les fumiers, les chaumes des toits, sur les fleurs.

Philorinum Er.

P. myops Hal (*humile* Er., *sordidum* Steph.). — Sur les fleurs de l'*ulex europœus*. Tournus (Cl. Rey).

Acidota Manh.

A. cruentata F. — Les Revirets ! au mois de décembre, en tamisant les mousses au pied des arbres. Deux exemplaires.

Lathrimœum Er.

L. melanocephalum Illig. — Sous les feuilles mortes, les mousses, les bolets dans les bois et surtout dans les châtaîgneraies (AC), l'hiver. Les Revirets ! Petit Mont-Jeu !

L. atrocephalum Gyll. — Comme le précédent, en automne et en hiver ; plus commun. Autun, Le Creusot.

Olophrum Er.

O. piceum Gyll. — Le Creusot ! (Marchal), sous détritus (AR).

Lesteva Latr.

L. pubescens Mannh. — Dans les mousses humides, sous les pierres à demi-immergées, les détritus au bord des ruisseaux. Les Revirets ! Fontaine-Filhouse. Juillet, août (AC).

L. longelytra Gœz. — Mêmes localités et même habitat ; plus commun. Le Creusot.

Anthophagus Grav.

A. præustus Müll. — Sons les pierres et les détritus au bord du ruisseau d'Ornez ! Septembre, octobre (R) ; Le Creusot (RR) (Marchal).

A. bicornis Block. — Marmagne ! en battant des taillis au mois de juillet (AR).

A. muticus Ksw. — Un seul exemplaire, en fauchant dans un pré (RR)??

A. caraboïdes L. (*testaceus* Grav.) — L'été, sur des arbres verts, aux Revirets (R)??

5e FAMILLE COPROPHILIDÆ

Coprophilus Latr.

C. striatulus F. — Un exemplaire trouvé en mars 1883 dans un vieux nid abandonné (RR). Autun, Mâcon.

Deleaster Er.

D. dichroüs Grav. — Collection Lacatte.

6e FAMILLE OXYTELIDÆ

Insectes de petites tailles, à élytres déprimées, avec de fines stries longitudinales et à corselet quelquefois sillonné et dentelé sur les côtés. Ils volent souvent le soir au coucher du soleil et tombent assez fréquemment dans les yeux des promeneurs. Ils vivent dans les fumiers, les détritus, les matières fécales, quelquefois sous les écorces et même au bord des eaux.

Trogophlœus Mannh.

T. dilatatus Er. — Un exemplaire sous des pierres, au bord d'un ruisseau (RR).

T. corticinus Grav. — Sous des détritus, des feuilles sèches. Septembre et octobre (AR). Le Creusot, sous détritus au bord de l'étang de Torcy ; Mâcon ! Autun ! bords de l'Arroux, sous détritus d'inondations, au mois de mars.

T. elongatulus Er. — Sous la mousse humide, au bord du ruisseau des Revirets, l'été (AR).

T. tenellus Er. — Trouvé avec le précédent (R).

T. impressus Lacd. — Avec le *corticinus*, sous détritus d'inondations, bords de l'Arroux. Autun.

Haploderus Steph.

H. cœlatus Grav. — Mâcon (Guérin). Le Creusot (R).

Oxytelus Grav.

O. rugosus F. — Commun toute l'année dans le terreau de couches. Autun, Saint-Julien.

O. insecatus Grav. — Sous une pierre, au mois de mars ; un seul sujet (AR).

O. piceus L. — Dans les bouses et les crottins, au mois d'avril (AC).

O. fulvipes Er. — Un seul exemplaire, sous détritus de forêts. Creuse d'Auxy !

O. sculptus Grav. — Sous détritus végétaux des montagnes. Octobre, novembre (AR). Autun. Au vol autour des fumiers. Le Creusot.

O. inustus Grav. — Sous les feuilles mortes, les détritus, dans les bouses ; toute l'année (AC). Autun, Mâcon.

O. sculpturatus Grav. — Dans les bouses, les fumiers, les détritus, le terreau des couches. Juin, juillet (AC). Autun, Saint-Julien, Mâcon.

O. nitidulus Grav. — Très commun partout, toute l'année, dans les bouses.

O. *complanatus* Er. — Comme le précédent.

O. *clypeonitens* Pand. — Dans les détritus (RR).

O. *tetracarinatus* Block. — Dans des détritus en février; dans les bouses, les crottins, l'été (CC). Mâcon, Autun.

Platystethus Mannh.

P. *cornutus* Grav. — Sur le sable, au soleil, au bord des étangs. Le Creusot (AC). Autun (R).

P. *cornutus*, var. *alutaceus* Thoms. — Dans les détritus et dans les bouses, l'été (AR). Mâcon! Très commun sous détritus d'inondations. Le Creusot! bords de l'étang Le Duc, à Torcy.

Bledius Curt.

B. *opacus* Block. — Collection de M. l'abbé Lacatte. Le Creusot, bords de l'étang de Torcy.

7e FAMILLE OXYPORIDÆ

Oxyporus F.

O. *rufus* L. — Très commun partout, de mars à octobre, dans les *agaricus pratensis*, *edulis* et *campestris*.

8e FAMILLE STENIDÆ

Les Sténides sont des insectes noirâtres, de petite taille, à ponctuation généralement assez grosse, et très difficiles à distinguer les uns des autres. La tête est large; les yeux, très gros, débordent le corselet. Un caractère curieux de Stènes, c'est que, si l'on prend l'insecte entre ses doigts, la languette s'étend hors de la bouche au point d'atteindre en longueur la moitié du corps. Les Sténides sont rares dans le Midi de la France.

Evæsthetus Grav.

E. bipunctatus Ljungh. — Dans les détritus des forêts, sous les mousses, les débris végétaux, l'hiver (R).

E. ruficapillus Lacd (R).— Même habitat. Le Creusot! dans des détritus recueillis snr les bords d'un étang ; février (R).

Dianoüs Pam.

D. cærulescens Gyll. — Sous la mousse, sur les pierres des bords des ruisseaux, régions montagneuses. Août (R). Ruisseau de Fontaine-Filhouse, Autun. Bords du Mesvrin à Saint-Sernin (Marchal).

Stenus Curt.

S. biguttatus L. — Au bord des eaux courantes, sur le gravier et les plantes basses, dans les détritus (AC); toute l'année, partout.

S. bipunctatus Er. — Au bord des ruisseaux. Août (R). Ruisseau des Revirets. Le Creusot, sables humides (C).

S. longipes Heer. — Même habitat. (R). Autun, Mâcon.

S. guttula Müll. *(geminus* Heer.)— Au bord des eaux. Août et septembre. Assez commun. Mâcon, Autun, inondations de l'Arroux ; Le Creusot.

S. aterrimus Er. — Pas rare l'hiver dans les fourmillières de la *Formica rufa*. Le Creusot, Autun.

S. asphaltinus Er. — Endroits humides sous les feuilles mortes et dans les fourmilières (RR). Autun, Mâcon.

S. atratulus Er. — Mâcon, collection Guérin.

S. melanopus Marsh. — Mâcon, collection Guérin.

S. fossulatus Er. — Un seul exemplaire dans des détritus de jardins au mois d'août (RR)??

S. nanus Steph. — Le Creusot (R).

S. incanus Er. — Dans les détritus, sous feuilles mortes (RR)??

S. bimaculatus Gyll. — Sous les pierres qui bordent les routes, sous les détritus végétaux, les mousses (AC), toute l'année. Autun, Mâcon, Le Creusot (AC), lieux humides, sous détritus végétaux.

S. *clavicornis* Scop. — Assez commun toute l'année, sous débris végétaux. Mâcon, Autun, Le Creusot.

S. *scrutator* Er. — Cluny (Cl. Rey).

S. *providus* Er. — Très commun partout, toute l'année, sous les détritus, les mousses humides, les pierres.

S. *Juno* F. — Sous les débris végétaux, dans les bois, au bord des mares. Assez commun toute l'année. Le Creusot, Autun.

S. *ater* Mannh. — Une des espèces les plus répandues partout; sous les pierres, les mousses, les vieilles écorces, les détritus, quelquefois dans les fourmilières. Toute l'année.

S. *circularis* Grav. — Sous débris végétaux, dans un jardin. Novembre, mai (C). Sous détritus d'inondations de l'Arroux, l'hiver.

S. *pusillus* Steph. — Sous détritus de jardins (AR).

S. *buphthalmus* Grav. — Toute l'année, dans les détritus de forêts; peu commun. Autun, dans détritus d'inondations; Mâcon.

S. *melanarius* Steph. — Tournus (Cl. Rey).

S. *crassus* Steph. — Assez commun, toute l'année, sous les roseaux, au bord des mares; dans le terreau des couches à melons, en septembre et octobre.

S. *nitens* Steph. — Tournus (Cl. Rey).

S. *carbonarius* Gyll. — Tournus (Cl. Rey). Autun (RR), dans les détritus de forêts en novembre.

S. *nigritulus* Gll. — Dans le terreau de couches à melons, en automne (AR).

S. *humilis* Er. — Sous débris végétaux, dans les mousses au pied des arbres dans les bois. Janvier, mai, juillet, novembre (R). Tournus (Cl. Rey). Mâcon (Guérin).

S. *stigmula* Er. — Lieux humides et sablonneux. Le Creusot.

S. *opticus* Grav. — Dans des détritus au mois de juillet.

Dans le terreau des couches à melons; en août et septembre (R).

S. *brunnipes* Steph.— Toute l'année sous les feuilles mortes et débris végétaux; dans un jardin en battant des fagots (AR). Autun, Mâcon.

S. *latifrons* Er. — Sous des écorces, au mois de septembre; sous détritus d'inondations, l'hiver (AC).

S. *tarsalis* Ljung. — Sous des détritus, l'hiver (AR). Autun, Mâcon.

S. *similis* Herbst. — Au filet, dans les prairies; dans les débris végétaux, les détritus (CC), toute l'année. Le Creusot, Mâcon, Autun.

S. *cicindeloïdes* Schall. — Commun toute l'année sous les détritus et débris végétaux. Autun, Le Creusot, sous des plantes aquatiques, surtout l'automne.

S. *picipes* Steph. — Mâcon, collection Guérin.

S. *pallipes* Grav. — Mâcon, collection Guérin.

S. *pallitarsis* Steph. — Au bord d'un marais, sous des roseaux. Août (AR). Autun, Mâcon.

S. *picipennis* Er. — Sous roseaux et plantes sèches au bord des eaux courantes (R). Autun, Le Creusot, Saint-Julien, sous les pierres (C).

S. *flavipes* Steph. — Sous détritus, au mois d'octobre (R); sous détritus d'inondations, l'hiver.

S. *subæneus* Er. — L'hiver dans les mousses, sous détritus au pied d'arbres verts; en juillet en battant des fagots dans un jardin (A). Autun! Mâcon. Saint-Maurice-les-Couches (Marchal).

S. *ærosus* Er. — Sous les mousses et dans les détritus, l'hiver (R).

S. *impressus* Germ. — Sous les feuilles mortes, les mousses humides dans les montagnes, sous des fagots dans un jardin. Octobre et novembre (AC).

S. *geniculatus* Grav. — Sous les feuilles mortes des forêts, au printemps (R).

S. *fuscicornis* Er. — Au mois de décembre, sous des feuilles mortes au pied des Thuyas, dans les jardins (AC). Autun, Mâcon, Le Creusot, sous détritus de végétaux.

S. *flavipes* Er. nec Steph. — Le Creusot, Mâcon (Guérin) (RR).

9e FAMILLE PÆDERIDÆ

Sunius Leach.

S. *diversus* Aubé. (*pulchellus* Heer.) — Tournus (Cl. Rey).

S. *filiformis* Latr. — Sous les détritus végétaux, sous les pierres placées près des fumiers; printemps (AC). Le Creusot, Autun.

S. *intermedius* Er. — Sous les pierres, les mousses, les feuilles sèches, les détritus végétaux, au printemps (AC). Autun, Le Creusot.

S. *gracilis* Payk. — L'hiver sous les détritus et feuilles mortes (CC). Autun, Le Creusot.

Stilicus Latr.

S. *Erichsoni* Fauv. — L'hiver sous des débris végétaux et sous détritus d'inondations (RR). Autun ! Tournus (Cl. Rey).

S. *fragilis* Grav. — Dans les détritus de couches à melons, l'été (RR).

S. *orbiculatus* Payk. — Très commun; dans les détritus, au mois d'octobre. Autun, Tournus (Cl. Rey). Le Creusot.

S. *subtilis* Er. — Le Creusot (C). Mâcon ! inondations de la Saône, de janvier à avril (Guérin).

S. *rufipes* Germ. — Très commun dans les tas de débris végétaux, surtout de joncs et de roseaux, dès le commencement de février. Dans les prés marécageux et les marais, on coupe avant l'hiver les joncs et les roseaux qu'on laisse en tas. Au printemps, en secouant ces végétaux sur un drap, on prend en quantité : Drypta emarginata, Amara, Dyschirius, Feronia, Anchomenus, Bembidium, Stenus, Sunius, Stilicus, Tachinus, Philonthus, Quedius, Lathrobium, Cryptobium, Erirrhinus acridulus, par centaines, plusieurs Elatérides, etc. (Marchal).

Scopæus Er.

S. *sericans* Muls. — Un exemplaire dans des détritus (RR). Saint-Maurice-les-Couches (Marchal).

S. *lævigatus* Gyll. — Sous mousses et détritus des bois, l'hiver (R); dans détritus d'inondations.

S. *cognatus* Mls. — Sous détritus, au mois de novembre (C); dans le terreau des couches à melons, toute l'année.

S. *sulcicollis* Steph. — Sous les débris végétaux, les mousses, quelquefois dans les fourmilières ; février à septembre (AC).

Lithocharis Lacd.

L. *fuscula* Mahnn. — Dans le terreau des couches à melons, l'été (AR).

L. *ripicola* Kr. — Même habitat, mois de septembre (AR). Autun, Le Creusot, sur le sable.

L. *ochracea* Grav. — Sous les détritus et débris végétaux des forêts, l'hiver (AC). Autun. Collection Lacatte.

L. *obsoleta* Nordm. — Sous les feuilles mortes, endroits humides, l'hiver (AC). Autun, Mâcon.

L. *brunnea* Er. — Dans des détritus de forêts, au mois de décembre (R) ; dans le terreau de couches à melons, l'été (AC).

L. *propinqua* Bris. — Sous mousses et feuilles, au pied des arbres, l'hiver (AR).

L. *ruficollis* Kr. — Sous des détritus, au mois de février (R). Mâcon, Autun.

L. *melanocephala* F. — Sous des pierres, dans les champs,

au mois de mai, à Mesvres ! (AC). Le Creusot, sous débris végétaux ; Saint-Maurice-lès-Couches (Marchal). Autun, sous détritus, l'hiver (AC).

Pæderus Grav.

P. gregarius Scop. — Commun partout, toute l'année, sous les feuilles, le gravier, les détritus.

P. riparius L. — Sous les mousses humides et les plantes, sur le sable au bord des eaux (AC); répandu partout.

P. fuscipes Curt. — Sur le gravier, dans les débris de végétaux, endroits secs et humides; commun tout l'été. Autun, Mâcon, Le Creusot.

P. ruficollis. — Très commun au mois de juillet, sur les bords des rivières. Lucenay-l'Évêque ! Le Creusot, Mâcon. Digoin, bords de la Loire.

Dolicaon Cast.

D. biguttulus Lacd. — (RR). Sous feuilles mortes, au bord d'un étang Autun ! (Abbé Cornu). Mâcon.

Lathrobium Grav.

L. punctatum Fourc. — Sous les pierres et les débris végétaux, dans les bois humides, au printemps (AR). Autun, Le Creusot.

L. fulvipenne Grav. — Collection de M. l'abbé Lacatte. Mâcon. Le Creusot (AR).

L. rufipenne Gyll. — Le Creusot (R).

L. filiforme Grav. — Commun sous les pierres, les mousses et les écorces. Le Creusot.

L. elongatum L. — Sur la vase, sous les pierres au bord des eaux. Juin et juillet (AR). Autun. Le Creusot, au pied des arbres. St-Julien-de-Civry (Sandre).

L. multipunctatum Grav. — Sous les pierres, les mousses, les feuilles mortes, endroits secs. Mai à juillet (AC). Autun, Mâcon. Le Creusot, au pied des arbres, dès mi-février (AR).

L. quadratum Payk.— Sous les feuilles humides, les mousses, le terreau, prairies et marais ; assez commun toute l'année. Autun, Mâcon. Le Creusot ! sous tas de joncs et roseaux et surtout la var. *terminatum* Grav.

L. spadiceum Er. — Dans des débris végétaux (RR).

Scimbalium Er.

S. pubipenne Fairm. — Sous des pierres, au bord d'un ruisseau (RR) ??

Achenium Steph.

A. humile Nicol. — Cluny (Cl. Rey). Le Creusot, sous les pierres, les détritus et les écorces, de mars à septembre (AR).

A. depressum Grav. — Autun, collection de M. l'abbé Lacatte. Mâcon (Guérin).

Cryptobium Manh.

C. fracticornis Payk. — Sous tas de joncs et de roseaux. Le Creusot (AR).

10ᵉ FAMILLE XANTHOLINIDÆ.

Othius Steph.

O. fulvipennis F. — Sous les pierres, la mousse au pied des arbres, les feuilles mortes ; commun toute l'année. Châtaigneraie des Revirets ! Le Creusot, St-Julien.

O. myrmecophilus Kiesw. — L'hiver, dans les nids de *Lasius fuliginosus* (AC). Quelquefois sous les détritus, la mousse, au pied des arbres ; l'été, assez commun, dans le terreau des couches. Le Creusot, St-Maurice-lès-Couches (Marchal).

O. læviusculus Steph. — Le Creusot (R).

O. melanocephalus Grav.— Sous les pierres et les mousses,

août et septembre (R). Autun, Le Creusot.

Baptolinus Kr.

B. pilicornis Payk. — Sous les pierres et écorces d'arbres morts, hêtre, sapin et surtout *Pinus sylvestris* (R). Cluny (Cl. Rey).

Leptacinus Er.

L. parumpunctatus Gyll. — L'hiver, dans les nids du *Lasius fuliginosus* (AR).

L. batychrus Gyll.— Dans les nids de fourmis (*L. fuliginosus*), l'hiver, de novembre à février, dans le terreau des couches à melons (AC). Autun, Le Creusot.

L. *formicetorum* Mœrck. — L'hiver, dans les fourmilières de *Formica rufa* (AC).

Leptolinus Kr.

L. nothus Er. — Le Creusot (R); Mâcon! (Guérin). Assez commun sous détritus d'inondations.

Xantholinus Serv.

X. glabratus Grav. — Mâcon (Guérin) (R).

X. fulgidus F. — Sous les feuilles mortes, les détritus, dans le terreau, de mars à juillet. Autun (AR). Collection de M. Lacatte; Mont-d'Arnaud, en septembre, sous des bois, (J. Deseilligny). St-Julien (Pierre).

X. punctulatus Payk. — Sous les pierres, les mousses, les détritus, dans le fumier et quelquefois dans les fourmilières. Très commun partout, toute l'année.

X. glaber Nordm. — L'hiver, dans une fourmilière (*F. rufa*

L. fuliginosus), Autun, Le Creusot (R).

X. elegans Ol. — Collection de M. l'abbé Lacatte.

X. tricolor F. — Dans le terreau, sous les détritus, les feuilles mortes et les mousses (AC). Autun, Le Creusot, Anost. (Marchal).

X. distans M.-R. — Sous pierres, feuilles mortes, mousses

au pied des arbres, sous écorces de conifères, quelquefois avec des fourmis. Mars, avril, septembre. Cluny. (Cl. Rey).

X. linearis Mls. — Assez commun partout, toute l'année, sous les fumiers, les détritus, les pierres, les feuilles mortes, dans les fourmilières.

11e FAMILLE STAPHYLINIDÆ.

Cette famille renferme les plus grandes espèces de la tribu. Les *Staphylinides* courent avec une grande vitesse et vivent dans les cadavres, les excréments, les fumiers, les champignons; quelques-uns, sous les pierres, les mousses.

Emus Curt.

E. maxillosus L. — Sous les pierres, les cadavres demi-secs, les fumiers. Très commun tout l'été, partout.

E. hirtus L. — Dans les bouses de vaches, tout l'été (AR). Autun! dans les prés qui bordent l'Arroux. St-Julien, au mois d'avril. Côteaux de Buxy et St-Dezert, dans des bouses de vaches desséchées (Peragallo). Le Creusot, trouvé deux sujets, dont un sous un cadavre de taupe (Marchal).

Leistotrophus Perty.

L. nebulosus F. — Sous le fumier, les bouses, les pierres, endroits boisés; tout l'été (AR). Autun, Le Creusot, St-Julien; commun dans les bouses.

L. murinus L. — Même habitat, mêmes époques; plus commun.

Staphylinus L.

S. chrysacephalus Fourc.— Pas rare dans les champignons, dans les bois humides, autour de Chalon (Peragallo). Autun (R).

S. pubescens de G. — Le Creusot, dans les fumiers (AC). Mâcon (Guérin).

— *S. chloropterus* Panz. — Sur les souches d'arbres, surtout de hêtre, fraîchement coupés; sous les copeaux de chêne, la mousse, les feuilles mortes, dans les forêts. Avril à juin (RR). Chalon, sous la mousse, dans les bois humides (Rouget); sous champignons, dans les bois humides (Peragallo).

S. *fulvipes* Scop. — Cluny (Cl. Rey).

S. *stercorarius* Ol. — Sous les pierres, les excréments et les bouses (AC), tout l'été, Autun, Mâcon, Le Creusot.

S. *lutarius* Grav. — St-Julien (Pierre).

S. *chalcocephalus* F. — Sous les excréments, les mousses, les bolets, surtout dans les forêts; été (AR). Autun, Le Creusot. Digoin, lors d'une inondation (Pierre).

S. *fossor* Scop. — Sous les pierres, dans les bois, sous les crottins; rare partout, Autun, bois de Montcenis! (Marchal). Digoin! bois de Dun, assez commun sous les pierres (Abbé Viturat). Bois de St-Germain (Pierre).

S. *cæsareus* Ced. — Sous les pierres, les feuilles mortes, la mousse, les crottins; trouvé en grand nombre, courant au soleil, sur le champ-de-foire d'Autun. Mars à octobre (C). Le Creusot, Mâcon, St-Julien.

S. *olens* Müll. — Le plus commun de toute la famille; on le rencontre, tout l'été, sous les pierres, les mousses st surtout sur les chemins et dans les villes, courant au soleil.

S. *brunnipes* F. — St-Maurice-lès-Couches (Marchal). Un seul exemplaire.

S. *ophthalmicus* Scop. — Sous les fumiers, les débris végétaux, au soleil, courant dans les allées d'un jardin; tout l'été (AR). Autun, Chalon, dans les bois humides (CC), (Peragallo); Mâcon, Le Creusot.

S. *nitens* Schrk. — Mâcon (Guérin).

S. *æthiops* Wallt. — Sous les détritus (RR).

S. *picipennis* F. — Le Creusot, sous fumiers ou dans leur voisinage. Mâcon (Guérin), Digoin (Abbé Viturat); St-Maurice-lès-Couches. Autun (AR).

S. *fuscatus* Grav. — Mâcon! (Guérin) (RR).

S. *æneocephalus* de G. — Sous les pierres, les mousses, les feuilles mortes. Mesvres! au mois de mai (AR).

S. pedator Grav. — Sous pierres et débris végétaux, l'été (AR). Autun; St-Julien (Pierre).

S. ater Grav. — Sous feuilles mortes et détritus, l'été (AC). Autun, Le Creusot.

S. edentulus Block. — Sous détritus, l'hiver (R); Autun, Le Creusot.

S. compressus Marsch. — Cluny (Cl. Rey).

Erichsonius Fauv.

E. cincrascens Grav. — Le Creusot, un exemplaire au mois de novembre, sous des feuilles mortes, au bord d'un marais, (RR).

Philonthus Curt.

P. splendens F. — Sous détritus végétaux, dans les bouses et les crottins, tout l'été (AR). Autun, St-Julien (R). Creusot (R).

P. intermedius Lacd. — Sous pierres et débris végétaux. Le Creusot (R). Autun (R).

P. cyanipennis F. — Dans les agarics putréfiés, sous les pierres, les vieilles souches, les mousses, dans les bois. Juin à octobre. Tournus, Cluny (Cl. Rey), (R).

P. æneus Rossi. — Mâcon (Guérin); St-Julien, dans les bois, sous la mousse (Pierre); Creusot, (Marchal).

P. carbonarius Gill. — Sous les pierres et les mousses, dans les bois. Juin, juillet (AR). Cluny (Cl. Rey). Dans des champignons décomposés; Creusot.

P. punctatus Grav. — Le Creusot, assez commun sous débris, au bord de l'étang de Torcy. Mâcon.

P. cephalotes Grav. — L'été, sous des pierres, dans un bois (R). Anost, (R).

P. umbratilis Grav. — Sous détritus de jardins, au printemps (AR).

P. sordidus Grav. — L'hiver, dans des détritus de forêts (AR).

P. rufimanus E. — Mâcon, collection Guérin.

P. sanguinolentus Grav. — Dans les bouses, les excréments et sous les mousses, l'été (AR). Autun, Le Creusot.

P. immundus Gyll. — Sous détritus de forêts, l'hiver (AR). Autun; Le Creusot, sous pierres et tas de joncs (C).

P. debilis Grav. — Bords de l'Arroux, à Autun! sous détritus d'inondations. Au printemps, sous détritus de jardins, en avril (AC).

P. laminatus Creutz.— Le Creusot, sous débris végétaux (R),

P. *atratus* Grav. — Mâcon, Torcy (AR). (Marchal).

P. discoïdeus Grav. — Mâcon! (Guérin).

P. ebeninus Grav. — L'été, dans les bouses, les crottins, sous les pierres, les mousses et les feuilles mortes (AC), Autun, Mâcon, Le Creusot, La var. *corruscus* Grav., a été trouvée au Creusot, et dans des détritus d'inondations, sur les bords de l'Arroux, à Autun (AR).

P. quisquiliarius Kraatz et sa var. *inquinatus* Steph. — Sous les détritus, dans les fumiers. Avril à octobre (AR). Le Creusot, Autun.

P. splendidulus Grav. — Sous les feuilles mortes et les détritus, quelquefois dans les fourmilières. Avril à novembre (AR). Cluny (Cl. Rey). Autun.

P. fimetarius Grav. — Dans du terreau de couches, sous des détritus de jardins, au mois de novembre. L'été, sous des champignons, mis en tas, au pied d'un arbre. Autun (R). Mâcon, Le Creusot. (AR).

P. nigritulus Grav. — Dans les fumiers, sous les feuilles, les détritus, toute l'année (C). Autun, Mâcon.

P. decorus Grav. — L'été, sous les détritus, les pierres, les feuilles mortes (AR). Le Creusot, Autun, Mâcon.

P. politus F. — Très commun partout, toute l'année, sous les débris végétaux, dans les fumiers.

P. marginatus Müll. — Cluny (Cl. Rey).

P. micans Grav. — Sous les détritus, l'hiver (RR).

P. varius Kraatz et sa var. *bi-maculatus* Grav. — Commun

partout, toute l'année, sous les fumiers, les mousses, les pierres, les débris végétaux.

P. varians Payk et var. *agilis* Grav. — Sous bouses, excréments, débris végétaux, de mars à octobre (AR). Le Creusot, Autun.

P. cruentatus Gmell. — Dans les bouses et les fumiers, l'été (AC). Autun, le Creusot, sous débris végétaux, au bord des étangs (RR).

P. longicornis Steph. — Sous les détritus, sur la vase au bord des eaux, l'été (AR).

P. fulvipes F. — Sous les détritus des bois, dans le gravier au bord des rivières, l'été (AC).

P. vernalis Grav. — Dans les débris végétaux, dans le terreau des couches, sous les feuilles mortes, dans les fourmilières; été, jusqu'à novembre. (C). Le Creusot ! Autun !

P. exiguus Nordm.— Sous des détritus de forêts, en octobre (RR).

Velleïus Leach.

V. dilatatus F.— Ce magnifique et rare *Staphylinide* n'a été trouvé, dans notre département, qu'à Digoin, et l'honneur de la découverte en revient à notre zélé collègue, M. l'abbé Viturat. De plus, il l'a capturé dans de vieux nids d'écureuils, et aucun entomologiste n'avait encore indiqué cet habitat du *Velleïus*. L'insecte répand une odeur de musc très caractéristique, odeur qu'il conserve longtemps encore après sa mort. Aux entomologistes qui voudraient connaître à fond les mœurs de ce rare *Staphylin*, je leur indiquerai l'opuscule de notre savant collègue, M. Rouget, de Dijon, sur les *Coléoptères parasites des Vespides*.

Nota. — Au moment de la correction, j'apprends que le *Velleïus* a été trouvé à Semur-en-Brionnais, dans un nid de *vespa crabro*, par M. A. Martin; ce nid occupait la cavité d'un vieux chêne et en détachant rapidement de l'arbre un morceau de bois vermoulu, M. Martin put en prendre 5 exemplaires.

Quedius Steph.

Q. brevis Er. — Dans les fourmilières avec F. *rufa* et L. *fuliginosus* en décembre et janvier. Aussi sous les mousses, l'hiver (AR).

Q. lateralis Grav. — Assez commun, partout, de juin à octobre, sous les mousses, les feuilles sèches, dans les agarics.

Q. fulgidus F. — Sous débris végétaux, dans les champs et les jàrdins (AC), toute l'année. Autun, St-Julien. Le Creusot, sous pierres et écorces.

Q. mesomelinus Marsh. — Toute l'année, sous les mousses, les bouses, les crottins (AR), Autun, Le Creusot, dans une cave, sous des légumes (C).

Q. ventralis Arag. — Sous la mousse, au mois de juillet (R).

Q. cruentus Ol. — Sous les mousses, les feuilles sèches, dans les champignons ; toute l'année (AR). Autun, Cluny (Cl. Rey). Le Creusot (R).

Q. xanthopus Er. — Le Creusot (R).

Q. scitus Grav. — Sous la mousse, dans les bois de St-Julien (Pierre); Creusot.

Q. cinctus Payk. — Sous les débris végétaux et feuilles mortes, dans les champignons pourris ; commun, toute l'année. Autun ! Mâcon ! SaintJulien, Anost (Marchal).

Q. *frontalis* Er. — Le Creusot (C). St-Julien, dans les bois, sous la mousse.

Q. fuliginosus Grav. — Sous la mousse, dans les bois, l'hiver; l'été, sous les débris végétaux, les champignons, les bouses (AC). Le Creusot (CC).

Q. molochinus Grav. — Mâcon (Guérin). Le Creusot (R). Autun. (R).

Q. picipes Marsh. — L'été sous des feuilles mortes (RR). Autun, Le Creusot. (R).

Q. præcox Grav. — Le Creusot, sous des pierres, des débris végétaux (R).

Q. maurorufus Grav. — Sous des débris végétaux, l'été (R). Autun, Le Creusot (C).

Q. rufipes Grav. — Sous des feuilles mortes, des crottins, l'été (AR). Autun, Mâcon, Le Creusot (R).

Q. semiæneus Steph. — Sur la vase au bord des eaux. Le Creusot (AR).

Q. attenuatus Gyll. — Sous détritus et mousses, l'été (R). Creusot.

Q. fumatus Steph. — Cluny (Cl. Rey). Le Creusot.

Q. tristis Grav. Le Creusot (R). Mâcon (Guérin).

Euryporus Er.

E. picipes Payk. — Sous les mousses et feuilles mortes, dans les bois; janvier, septembre (RR). Cluny (Cl. Rey). Le Creusot (R).

Ancylophorus Nordm.

A. glabricollis Lacd. — Sous des détritus et feuilles mortes, en novembre R).

12ᵉ FAMILLE TACHYPORIDÆ.

Bolitobius Steph.

B. lunatus L. — Dans les champignons et agarics en putréfaction, quelquefois sous les mousses; très commun toute l'année. Autun, Le Creusot.

B. pygmæus Er. — Même habitat que le précédent; aussi commun.

B. striatus Ol. — Cluny (Cl Rey): St-Julien (Pierre).

B. exoletus Er. — Très commun de juin à novembre dans les bolets, agarics et champignons et sous les mousses, dans les bois. Le Creusot, Autun, Anost (Marchal).

B. trinotatus Er. — Commun dans les champignons et bolets pourris (*Boletus luridus*), en automne. Autun, Le Creusot, dans les champignons décomposés, surtout par un temps chaud et humide (Marchal).

Megacronus Steph.

M. striatus Oliv. — Dans les champignons, bolets pourris, détritus végétaux, sous les mousses, les écorces, près des plaies de chênes, quelquefois dans les fourmilières. Mai à septembre (R). Cluny (Cl. Rey).

M. analis F. — Un exemplaire trouvé en novembre avec le *Lasius fuliginosus* (RR). Le Creusot, dans l'herbe, au pied d'un pin, en mars (AR). Bords de l'Arroux, à Autun! dans les détritus d'inondations, au printemps (R).

Mycetoporus Manh.

M. splendens Grav. — Assez commun toute l'année, sous les pierres, les mousses, les débris végétaux.

M. longulus Marsh. — Sous des détritus (R). C'est une variété de l'espèce suivante.

M. lepidus Grav. — Bords de l'Arroux, à Autun, sous détritus d'inondations, au mois de mars (AC).

M. lucidus Er. — Le Creusot.

Tachinus Grav.

T. flavipes F. — L'été, dans les bouses et les crottins (AR).

T. humeralis Grav. — Très commun toute l'année, sous les cadavres, les bouses, les excréments; je l'ai trouvé, l'hiver, dans mon jardin, en familles nombreuses, sous des tiges de petits pois abandonnées en tas. Autun! Le Creusot!

T. pallipes Grav. — L'hiver, dans des détritus provenant de forêts montagneuses (R).

T. rufipes de Geer. — Toute l'année, sous les débris végétaux, les mousses, les excréments (AR). Autun, Le Creusot. St-Julien, au pied d'un arbre, dans la mousse (Pierre).

T. marginellus F.— Toute l'année, sous les débris végétaux, les mousses, les excréments, (AC). Le Creusot, Autun.

T. subterraneus L. — Toute l'année, sous les débris végétaux, les écorces (C). Autun, Le Creusot.

T. bipustulatus F. — Sous les détritus, l'hiver. Autun (R). Le Creusot (RR).

T. elongatus Gyll. — Capturé plusieurs exemplaires au mois de mars, à 520^m d'altitude, sous une pierre, au milieu de petites larves blanches. Le Creusot (R). St-Julien, sous une pierre, au mois de mai (Pierre).

T. fimetarius Grav. — Sous les pierres, les fumiers, les détritus, l'été. Autun (R). Le Creusot (AR).

T. collaris Grav. — Collection de M. l'abbé Lacatte. Le Creusot (Marchal), un seul exemplaire.

Cilea du V.

C. silphoïdes L. — Dans les bouses et les fumiers. Le Creusot (C). Mâcon! Guérin). Dans les détritus d'inondation de la Saône (AC).

Habrocerus Er.

H. capillaricornis Grav. — Dans les forêts, de mars à novembre, sous les feuilles mortes, les mousses, les détritus. Forêt de Planoise! Bois des Revirets! (AC). Il est très difficile de conserver à l'insecte mort ses antennes. qui sont d'une tenuité et d'une fragilité remarquables.

Tachyporus Grav.

T. obtusus L. — Toute l'année, sous les feuilles mortes, les mousses, les détritus végétaux (AC).

T. formosus Matt. — Sous les mousses et les détritus, toute l'année; Autun (R). Le Creusot, sous plantes aquatiques, en septembre (R).

T. solutus Er. — Commun d'avril à septembre. Même habitat que le précédent. Autun ; Le Creusot, commun dans la mousse qui recouvre les vieilles souches d'arbres.

T. chrysomelinus L. — Commun toute l'année sous les feuilles mortes, les débris végétaux, les mousses. Autun. Le Creusot.

T. hypnorum F. — Très commun partout, même habitat que le précédent.

T. ruficollis Grav. — Un seul exemplaire pris sous les mousses au mois de novembre (RR) : Bois d'Antully !

T. macropterus Steph. — L'été, sous les mousses, les feuilles mortes, les écorces, dans les agarics. Le Creusot (R).

T. pusillus Grav. — Toute l'année sous les détritus, mais rare.

T. brunneus F. — Commun sous les détritus, dans les lieux secs et chauds. Le Creusot, Autun, Mâcon.

Conurus Steph.

C. pubescens Payk. — Sous les détritus et feuilles mortes (AR). L'hiver, bois des Revirets ! Le Creusot, sous les écorces. Mâcon !

C. immaculatus Steph. — Sous les mousses et les détritus toute l'année et l'hiver dans les fourmilières, (*Lasius niger* et *emarginatus*) (RR). St-Maurice-lès-Couches (Marchal).

C. littoreus L. — Sous les écorces, les fagots, les végétaux pourris. Mars à octobre. L'hiver, dans les fourmilières, avec *Lasius fuliginosus* (AR). Autun, Le Creusot.

C. pedicularius Grav. — Toute l'année, sous les feuilles mortes, les détritus (AR).

C. bipustulatus Grav. — Sous les mousses, l'hiver. Un seul exemplaire. Autun (RR). Chalon-sur-Saône (Cl. Rey).

C. bipunctatus Grav. — L'été, sous les écorces. Aussi rare que le précédent. Autun. Le Creusot, sous des écorces, en décembre (R)

Hypocyptus Mann.

H. seminulum Er. — L'hiver, dans le tamisage de détritus ; Autun (R). Le Creusot, sous les écorces, l'hiver (R).

H. *longicornis* Payk. — Commun toute l'année, sous les détritus végétaux, les mousses, les feuilles mortes, les vieux bois. Le Creusot, Autun.

H. læviusculus Marsh. — Un exemplaire dans des détritus végétaux d'un jardin (RR).

13e FAMILLE ALEOCHARIDÆ.

Encephalus Westw.

E. complicans Westw. — Le 25 mai 1885, M. Marchal et moi, avons pris trois exemplaires de ce rare *Staphilinide*, à Mesvres, en battant sur un parapluie des tas de joncs, coupés et mis en tas sur les bords d'un ruisseau, dans les bois. Cet insecte, remarquable par la largeur de son abdomen, le ramène en-dessus, jusqu'au devant de sa tête, dès qu'il qu'il se sent inquiété et reste immobile : il ressemble alors à un petit *Agathidium*.

Gyrophæna Mann.

G. affinis Sahlb. (*diversa* M.-R). — Dans les champignons des bois. Août, septembre (RR).

G. pulchella Heer. — Dans les champignons, montagnes élevées. Octobre (R). Forêt de Planoise ! Monjeu !

G. lævipennis Kraatz. — Juin, septembre à novembre (R). Dans champignons, bolets, agarics de chêne et de peuplier. Tournus (Cl. Rey).

G. nana Payk. — Commun dans les champignons, de septembre à février.

G. strictula Er. — Deux exemplaires mâles, trouvés dans les feuillets du *Dedalæa labyrinthiformis*, au mois de mai, à Mesvres (R).

Brachida M-R.

B. notha Er. — Un seul exemplaire mâle. L'hiver, dans le tamisage des feuilles mortes et détritus de la châtaigneraie des Revirets ! (RR). Je viens de trouver une femelle au pied d'un thuya de mon jardin. Novembre.

Oligota Mann.

O. flavicornis Lcd. — Dans les détritus, au pied d'arbres verts. Octobre et novembre (AC).

O. atomaria. Er. (*obscuricornis* Mots. — *fuscipes* M-R. — *Misella* M-R. — Sous les mousses, les débris végétaux et avec *Formica rufa* et *Las. fuliginosus*. L'été (AR).

O. pusillima Grav. (*picta* Mots. *aliéna* M-R). — Toute l'année, même habitat que le précédent : très commun, l'hiver, au pied des thuyas ; dans les fagots.

O. granaria Er. (*picescens* M-R). — Sur des tonneaux, dans un cellier un peu humide (AR).

Placusa Er

P. complanata. Er. — Sous détritus de jardin, l'hiver (R).

Homalota Mannh.

Genre nombreux et difficile à déterminer. On trouve les *homalota* sous les pierres, les détritus, au pied des arbres dans les cadavres d'animaux, les fourmilières, sous les écorces.

H. tenera Sahlb (*sordida* Marsh. — *melanaria* Sahlb). — Sous les bouses, les crottins, les pierres. Juin (R) (Cl. Rey).

H. longicornis Heer. — Toute l'année, sous les petits cadavres, les débris végétaux, les fumiers, les bouses (R).

H. analis Grav. (*decipiens* Sharp. — *arata* M-R. — *minima* M-R). — L'hiver, dans les fourmilières (AC). Le Creusot (Cartier) : St-Maurice-lès-Couches (Marchal).

H. vicina Kraatz (non Steph).— (*hodierna* Sharp. — *nigra* Kr.) — Sous les détritus, presque toute l'année (AC).

H. inquinula Grav. — Assez commun, sous les crottins, les détritus.

H. circellaris Grav. — Sous les détritus, au bord des eaux; l'été (R).

H. brunnea F. — Sous les feuilles mortes, débris végétaux, quelquefois dans les fourmilières. De mai à octobre (R). On l'a pris égalcment au vol, le soir, en fauchant sur les herbes. Autun ! St-Maurice-lès-Couches (Marchal).

H. palleola Er. — Dans les agarics, sous les vieux bois, les mousses, les écorces de hêtre, surtout de juin à octobre (R). Cluny (Cl. Rey).

H. exilis Er. (*parasita* M-R. — *misera* M-R. — *capitalis* M-R). — Prés humides, débris végétaux, souvent avec les fourmis : (R).

H. basicornis M-R. — Dans les plaies de chêne, sous les vieilles souches, sous les écorces de cerisier, de saule, de chêne, surtout avril à octobre (R). Tournus (Cl. Rey).

H. fungi Er. (*orbata* Er. — *Simulans* M-R. — *negligens* M-R. — *læticornis* M-R). — Très commun, toute l'année, sous les débris végétaux, les mousses et avec *F. rufa et L. fuliginosus.*

H. ignobilis Sharp. — Mâcon, collection Guérin.

H. sordidula Er. — Assez commun sous les bouses, les crottins, les fumiers. Juin, juillet. Bords de l'Arroux, sous détritus d'inondations, au mois de mars.

H. ægra Heer. — Toute l'année, sous les mousses, sous les fumiers (R).

H. umbonata Er. — Très commun, sous détritus de jardins. Autun : St-Maurice-lès-Couches ! (Marchal).

H. cauta Er. (*spreta* Fairm., qui n'est pas synonyme de *parva* Sahlb). Sous détritus, au pied d'arbres verts, novembre et décembre (AC). Espèce facile à reconnaître à sa couleur noir, brillante, et aux longs poils qui bordent le corselet et l'abdomen.

H. nigerrima Aubé. — Tournus (Cl. Rey).

H. testudinea Er. — Cluny (Cl. Rey).

H. elongatula Grav. — Sous les fumiers, les détritus. Autun (R). Le Creusot, commun dans les champignons.

H. parens M-R. — (*piceorufa* M-R. — *subgricescens* M-R). Dans les fourmilières, l'hiver (R).

H. marcida Er. — L'été, sous les bolets en décomposition, les crottins, les débris végétaux (R).

H. xanthopus Thoms. — Sous détritus, au pied d'arbres verts. Novembre et décembre (AR).

H. amicula Steph. — Un exemplaire (RR).

H. tenuis Heer. — Cluny (Cl. Rey).

H. pilosiventris Thoms (*parva* Sahlb. — *lacertosa* M-R). Sous détritus. Novembre et décembre (AR).

H. sodalis Er. — Dans les bolets, les champignons, les petits cadavres, quelquefois avec les fourmis fauves; été (R).

H. picipes Thoms. — Sous détritus, en novembre et décembre (AR).

H. talpa Heer. — Très commun, tout l'hiver, dans les nids de la *Formica rufa*. Autun. Le Creusot, dans les fourmilières (C).

H. gregaria Er. — Sous détritus, au printemps (R).

H. trinotata Kr. — Dans les champignons, en septembre, octobre (R). Autun, Le Creusot !

H. subsinuata Er. — Sous détritus, en automne.

H. sericans Grav. (*decepta* M-R). — Dans les champignons, dans du terreau de jardin, au mois de juillet (R).

H. *gagatina* Baudi. — Dans les champignons et agarics décomposés; sous les feuilles mortes, de mars à novembre (AR).

H. pavens Er. — (R).

Alaobia Thoms.

A scapularis Sahlb. — Cluny (Cl. Rey).

Aleuonota Thoms.

A. hepatica Er. — Le Creusot! sous détritus (R).

Callicerus Grav.

C. rigidicornis Er. — Dans la mousse, au pied des arbres. Forêt de Planoise! (R).

Ilyobates Kr.

I. nigricollis Payk. — Le Creusot (Marchal) (R).

I. forticornis Lcd. — Mâcon! sous détritus d'inondation (Guérin).

Colodera Mannh.

C. longitarsis Er. — Sous des détritus, au bord des eaux; l'été (R).

C. picina Aubé. — Tournus (Cl. Rey).

C. rubens Er. — Le Creusot, au pied des arbres, avec des fourmis noires (RR): (Marchal).

Ocalea Er.

O. rufilabris Sahlb. — Autun (C).

O. badia Er. (*parvula* Baud). — Très commun, presque toute l'année, dans le tamisage des détritus. Autun: St-Maurice-lès-Couches (Marchal).

O. decumana Er. — Sous des détritus, au printemps, endroits humides (R).

Tachyusa Er.

T. balteata Er. — Sur le sable humide, au bord des ruisseaux et rivières. Court très vite, en relevant fortement l'abdomen, difficile à saisir; été (R).

T. coarctata Er. (*cyanea* Kr. — *concinna* Heer. — Même habitat (R).

Gnypeta Thoms.

G. cærulaea Sahlb. (*ripicola* Ksw). — Le *Gnyp. labilis* Er. est synom. de *carbonaria* Sahlb; c'est une espèce différente de *cærulaea*. Sous détritus, en automne (R).

Alianta Thoms.

A. plumbea Wat. — Autun (AR).

A. nigella Er. — Sous détritus d'inondations, bords de l'Arroux, mars (R).

Oxypoda Mann

O. amæna Fair. — Sous détritus, l'hiver. Bois des Revirets ! (R).

O. opaca Grav. — Mâcon (Guérin), dans les champignons.

O. subflava Herr. — Cluny (Cl. Rey).

O. sericea Heer. — (AC).

O. humidula Kr. — Sous détritus, en automne (R).

O. formiceticola Mærk. — Assez commun, l'hiver, dans les nids de *Formica rufa*.

O. hæmorrhoa Sahlb. (*juvenilis* M-R. — *nigrescens* M-R). — Très commun, l'hiver, dans les nids de *F. rufa*.

O. exigua Er. (*investigatorum* Kr.— Sous détritus végétaux, (R).

O. lividipennis Mannh. — Très commun, sous détritus végétaux, au mois de septembre et décembre; sous les fumiers.

O. nigrocincta M-R. — Tournus, en Juin (RR). (Cl. Rey).

O. vittata Mærk. — Assez commun, l'hiver, dans les nids de *Form. fuliginosa*. Autun, Le Creusot.

O. induta M-R. — Sous détritus, mois de mai. Autun ! (RR).

O. togata Er. — Sous détritus (R) ??

O. alternans Grav. — Le Creusot (Cartier).

Ocyusa Kr.

O. maura Er. — Le Creusot, dans les mousses, au mois de décembre.

Phlœopora Er.

P. reptans Grav. — Sous les écorces humides de platane et surtout de pin. Assez commun, de novembre à mars.

P. corticalis Er. — Sous écorces de platane, dès les premiers froids de l'hiver (AC).

P. major Kr. — Même habitat (AR).

Dinaræa Thoms.

D. æquata Er. — Sous les écorces (AC).

D. angustula Gyll. — Sous détritus, au printemps (R).

D. plana Gyll. — Le Creusot, sous écorces (R). Autun.

D. cuspidata Er. — Sous détritus. Novembre et décembre (AR).

Notothecta Thoms.

N. flavipes Grav. — Dans les fourmilières *(F. rufa)*; l'hiver (AC).

N. anceps Er. — Avec des fourmis fauves (CC).

Thamiaræa Thoms.

T. hospita Mœrk. *(australis* M-R). Cluny (Cl. Rey).

T. cinnamomea Grav. — Mesvres, dans une plaie d'arbre, au mois de mai (R).

Myrmedonia Er.

M. limbata Payk. — Au printemps, dans les montagnes arides, exposées au soleil, avec *F. flava* (R).

M. humeralis Grav. — Sous les pierres, au mois d'avril (C). St-Julien (Pierre); Le Creusot.

M. cognata Mærk. — Sous des pierres, au printemps, avec *F. fuliginosa* (R). Le Creusot; Autun, sous détritus d'inondations, février.

M. collaris Payk. — Le Creusot, dans les prés humides (R).

M. funesta Grav. — Le Creusot (R); au pied des arbres, avec fourmis noires.

M. laticollis Mærk. — Sous les pierres, avec *F. fuliginosa* (R).

M. fulgida Grav. — Mâcon! Sous détritus d'inondations (R).

Drusilla Mannh.

D. canaliculata F. — F. Très commun, sous les pierres, les feuilles, les détritus végétaux, dans les prés, les marais et quelquefois avec des fourmis du genre *Myrmica*, rarement avec d'autres; printemps et été. Autun; Mâcon; St-Julien, en avril, dans les prés, sous les pierres (Pierre).

Lomechusa Grav.

L. *Strumosa* Grav. — Avec *F. rufa* et *flava*. Au printemps, sous les pierres, lieux arides, exposés au soleil. Autun, Route de Couches! Le Creusot (AC). On prend facilement les *Lomechusa* malgré leur agilité, en posant, sur la fourmilière, une pierre plate ou un bout de planche, qu'on retourne vivement tous les deux ou trois jours. On distingue, parmi les grosses fourmis, l'insecte qui relève son abdomen en courant; j'en ai pris, en deux ans, plus de 20 exemplaires dans le même nid (Marchal).

L. emarginata Payk. — Le Creusot, dans les fourmilières, sous les pierres (RR). Semur-en-Brionnais (AC). M. l'abbé Viturat, en a capturé, dans les fourmilières, plus de trente exemplaires en un seul jour.

Dinarda Lacd.

D. Mærkeli Ksw. — Avec *Form. rufa*, dans les bois, l'hiver, (AR). Le Creusot (RR). Un seul exemplaire, dans une fourmilière.

D. dentata Grav. — Plus commun; dans les petits nids de fourmis jaunes, sous les pierres, au printemps. Autun. Le Creusot, avec la *Lom. strumosa.*

Ces deux espèces se ressemblent assez, mais leur habitat les fera distinguer facilement. Elles sont presque toujours séparées; la première, seule, se trouve dans les gros nids des forêts, de F. *fusca.*

Thyasophila Kr.

T. angulata Er. — Très commun, l'hiver, dans les gros nids de *Form. rufa.* Autun, Le Creusot!

Euryusa Er.

E. sinuata Er. — Un exemplaire pris à Mesvres, au mois de mai, sous les pierres, dans des nids de petites fourmis (RR).

E. laticollis Heer. — Mâcon! inondations de la Saône (R).

Silusa Er.

S. rubiginosa Er. — Sous les mousses, au pied des arbres et surtout sous les écorces, près des plaies des arbres (R).

S. rubra Er. — Même habitat. Souvent dans les champignons (AR). Autun. Cluny, dans les champignons (Cl. Rey).

Sipalia M-R.

S. ruficollis Er. — On le trouve sous les écorces d'arbres et surtout en battant des fagots abandonnés dans un jardin,(CC). Mai, juin, juillet. Autun. Le Creusot (R). La Creuse d'Auxy! Assez commun sous les *lichens* qui tapissent les vieux hêtres.

S. circellaris Grav. — Voir *Homalota.*

Phytosus Curt.

P. spinifer Curt. — Autun (RR). Un seul exemplaire??

Aleochara Grav.

A. ruficornis Grav. — Sous des écorces (RR).

A. tristis Grav. — Le Creusot. Autun.

A. *fuscipes* F. — Très commun, l'été, autour des petits cadavres et dans les excréments.

A. *lata* Grav. — Le Creusot.

A. *rufipennis* Lacd. — En tamisant des détritus, au printemps. Autun (CC). Le Creusot, au bord des eaux.

A. *mæsta* Grav. — Sous détritus, au pied des thuyas ; hiver et printemps (R).

A. *bisignata* Er. — Cluny (Cl. Rey). Le Creusot (AR).

A. *bipunctata* Ol. — Sous les détritus. Autun (AC). Le Creusot.

A. *morion* Grav. — Le Creusot (Cartier).

A. *discipennis* M-R. — Dans les champignons décomposés (R).

A. *lanuginosa*. Grav. — Sous les détritus ; automne. Autun (C). Le Creusot (C).

A. *nitida* Grav. (*pauxilla* M-R). — Assez commun, l'hiver, sous les détritus et l'été, sous les excréments. Autun, Le Creusot (R).

A. *crassiuscula* Sahlb. — Le Creusot.

Bolitochara Manh.

B. *lunulata* Payk. (*flavicollis* M-R). — Bois de Montjeu ! dans les bolets, mois d'octobre (Abbé Lacatte). Le Creusot ! mois de mai (R).

Falagria Steph.

F. *thoracica* Curt. — L'automne, dans le tamisage de détritus de jardins (RR).

F. *sulcata* Payk. — Très commun, en juillet et août, dans le terreau des couches à melons.

F. *sulcatula* Grav. — Assez commun sous les détritus.

F. *obscura* Grav. — Sous débris végétaux (C). Le Creusot. Autun.

F. *nigra* Grav. — Même habitat (R).

Autalia Steph.

A. impressa Ol. — Sous les débris végétaux, dans les champignons (C). Autun. Le Creusot.

3e GROUPE. — Appendicipalpes

1re FAMILLE PSELAPHIDÆ,

Euplectus Laich.

E. signatus Reichb. — Très commun, toute l'année, dans le terreau des couches de jardin.

J'ai trouvé dans les mêmes conditions, deux femelles d'un *Euplectus*, qui diffère du *signatus* par la couleur noire du dernier article des antennes; mais d'après M. Brisout de Barneville, à qui je les ai communiquées, pour établir une espèce nouvelle, il faudrait avoir des mâles, qui ont tous des caractères spéciaux dans l'abdomen.

E. sanguineus Denny. — Même habitat. Aussi commun. Autun. St-Maurice-lès-Couches, sous débris végétaux, au bord d'un ruisseau (C). (Marchal).

E. Karsteni Reichb. — Plus rare. Sous les détritus végétaux. dans le terreau, le fumier; l'été.

E. nanus Reich. (*Kirbyi* Waltl). — Très commun, toute l'année, dans le terreau des couches, sous détritus (Abbé Lacatte).

E. perplexus du V. — Comme le précédent.

E. ambiguus Reichb. — Avec les précédents, dans le terreau des couches.

Chennium Latr.

C. bituberculatum Latr. — Le Creusot (RR). Un sujet pris

en mars, dans un nid de petites fourmis rousses, sous une pierre

Tychus Leach.

T. Ibericus Mots. — Assez commun, l'hiver, sous des détritus végétaux, au pied d'arbres verts.

T. niger Payk. — Assez commun, l'hiver, dans les jardins, sous les détritus, sous les feuilles mortes, au pied des thuyas. Le mâle est plus rare que la femelle. La Creuse d'Auxy ! dans les mousses, au mois de septembre.

Bythinus Leach.

B. bulbifer Reichb. — Assez rare, l'hiver, dans les détritus végétaux. On le prend également, le soir, sur les hautes herbes des prairies.

B. Curtisi Leach. — Sous les détritus, l'hiver; dans les petites fourmilières des haies *(F. rufa)* et sous les écorces (AR).

B. Burellei Denny. — Dans le tamisage de détritus ; l'hiver (RR).

Bryaxis Leach.

B. hæmoptera A. — St-Maurice-lès-Couches (Marchal).

B. fossulata Reichb. — L'hiver et au printemps, sous les détritus végétaux; au pied des vieux murs et des arbres verts (CC). Autun. Le Creusot, dans les prés humides, à la racine des arbres, dans des touffes de joncs pourris; bords de l'étang du bois de Champliau (Marchal). Mâcon. Les trochanters des pattes antérieures du mâle, sont armés d'une dent assez longue.

B. Lefebvrei A. — A l'automne, dans le terreau des couches à melons (R). Mâcon (Guérin). Autun.

B. sanguinea F. — St-Julien (RR) (Pierre).

B. juncorum Leach. — Le Creusot, sous une écorce, dans un marais (RR).

B. hæmatica Reichb. — Torcy, sous détritus. au bord de

l'étang (R) (Marchal). La var. *perforata* Aubé a été trouvée à St-Maurice-lès-Couches ! par M. Marchal.

Pselaphus Herbst.

P. *Heisei* Herbst. — Très commun, au printemps, sous les pierres qui bordent les routes, surtout dans les endroits humides, dans les marais, au pied des arbres et des grandes herbes ; sort le soir pour chasser. Mesvres. Creuse d'Auxy ! Autun, Le Creusot. St-Julien, sous une pierre, dans un endroit humide, en avril (Pierre).

Batrisus A.

B. *formicarius* A. — Au pied des vieux chênes, sous la mousse, avec *Form. emarginata* (AR). Forêt de Planoise ! octobre.

B. *oculatus* A. — Avec *Myrmica rubra*. Digoin (Abbé Viturat).

2e FAMILLE CLAVIGERIDÆ.

Ces petits insectes aveugles, sont élevés par les fourmis, au milieu desquelles ils vivent, et ils leur fournissent, en revanche, une sorte de nourriture qu'il est difficile d'apprécier, mais que l'on peut comparer au suc des appendices abdominaux des pucerons. Quand une fourmi rencontre un *Claviger*, elle le caresse avec ses antennes et suce au moyen de ses palpes, de ses mâchoires et de sa lèvre inférieure, d'abord une touffe de poils qui se trouve à l'angle externe des élytres, puis la grande cavité du dessus de l'abdomen.

Claviger Preyss.

C. *foveolatus* Müll. — Assez commun, au printemps, sous les pierres, avec F. *nigra* et *flava*. Autun, Le Creusot, Issy-l'Évêque ! (Decœne). Trouvé assez communément au sommet de la montagne de Dun, jusqu'à Chauffailles. Bien qu'il soit aveugle, il sait s'enfuir avec agilité dans les galeries des fourmis, dès qu'on lève la pierre, sous laquelle il se trouve. S'il est rencontré par une fourmi, celle-ci lui vient en aide, en le prenant entre ses mandibules et l'emportant, de préférence à ses propres œufs. Juillet, (Abbé Viturat).

C. longicornis Müll. — Plus rare. Issy-l'Évêque! dans les nids de la *Form. flava* (Decœne).

4ᵉ GROUPE. — Longipalpes.

1re FAMILLE SCYDMÆNIDÆ.

Cyrtoscydmus Mots.

C. scutellaris Müll. — Dans le tamisage des détritus des forêts; l'hiver (AR). Bois des Revirets! Mâcon.

C. collaris Müll. — Même habitat. Autun (CC). Mâcon. St-Maurice-lès-Couches (Marchal).

C. exilis Er. (*Scydm. semipunctatus* Fairm). — Sous des détritus; l'hiver (RR).

C. pusillus Müll. — Sous détritus d'inondations, au mois de mars. Autun! bords de l'Arroux (R).

Scydmenus Latr.

S. longicollis Mls. — (RR); sous détritus.

S. elongatalus Müll. — (AR); id. Le Creusot, Autun.

S, angulatus Müll. — (R); id., au mois de décembre.

S. Sparshalli Denny. — (R).

S. confusus Bris. — (AC). Au pied des thuyas ou dans le terreau de couches. l'hiver

S. Wetterhalli Gyll. — (AC). Sous détritus d'inondations, bords de l'Arroux.

S. Barnevillei Saulcy. — (RR). Un seul exemplaire, dans une fourmilière ; l'hiver.

S. rutilipennis Müll. — Le Creusot (R); quelques exemplaires en juin 1880, sous des feuilles et débris, au bord de l'étang de Champliau, (Marchal).

Eumicrus Cast.

E. tarsatus Müll. — Commun au printemps, sous détritus de jardins ; l'été, dans le terreau des couches, Autun. Le Creusot, sous débris de pins ; St-Maurice-lès-Couches (Marchal).

Cephennium Müll.

C. thoracicum Müll. — Assez commun, l'été, dans le terreau des couches à melons. Autun ; Le Creusot.

C. laticolle A. — Même habitat (R).

C. minutissimum A. — Même habitat (RR). En huit ans, je n'ai trouvé que deux exemplaires de ce rare insecte, dans le tamisage du terreau des couches, en automne

---

5e TRIBU. — CLAVICORNES.

DEUXIÈME PARTIE

Clavicornes vrais

1re FAMILLE SCAPHIDIDÆ.

Insectes de taille médiocre, très agiles, de mœurs mal

connues, vivant, ainsi que leurs larves, dans les champignons, les bois pourris, sous les écorces, quelquefois, dans les carcasses desséchées.

Scaphidium Ol.

S. 4-maculatum Ol. — Assez commun, au printemps, dans les bolets, et l'été, sous les bois non écorcés, séjournant à terre depuis longtemps. Autun : Scierie de Mont-d'Arnaud! La Gennetoye! Anost, sur les haies mortes (Marchal). St-Maurice, en septembre, sous écorce de saule.

Scaphisoma Leach.

S. agaricinum L. — Assez rare. Trouvé, l'hiver, sous des écorces de hêtres, à la Creuse d'Auxy. Le Creusot, assez commun dans les champignons.

S. boleti Panz. — Saint-Maurice-lès-Couches (Marchal).

2° FAMILLE TRICHOPTERYGIDÆ.

Insectes à taille presque microscopique ; ils doivent leur nom de famille à leurs curieuses ailes filiformes, formées d'une tige grêle et d'une longue palette, munie sur les bords de longs cils ; ils volent fort bien.

Trichopteryx Kirb.

T. atomaria de G. — Très commun, toute l'année, sous les détritus, les fumiers etc.

T. fascicularis Herbst. — Même habitat et aussi commun que le précédent.

T. grandicollis Manh. — Un peu plus rare.

T. brevipennis Fair. — (R).

T. sericans Heer. — L'été, dans le terreau des couches à melons (AR).

T. lata Mots. — Dans le terreau, l'été, et dans les fourmilières, l'hiver (AC). St-Maurice-lès-Couches (Marchal); Autun.

Nota. — Je tiens de M. Rouget, de Dijon, un moyen très simple de se procurer en quantité ces petits insectes; c'est de faucher avec un filet, l'été, au moment où le soleil vient de disparaître, sur les tas de fumier, à une distance de 0.20 à 0.30 centimètres.

Ptilium Gyll.

P. marginatum A. — Dans le terreau des couches de jardin, l'été (AR).

P. myrmecophilum Allb. — Très commun, dans les nids de *F. rufa*, l'hiver. C'est le plus petit insecte du genre. Sa longueur est de 0 mil. 32.

P. foveolatum Allib. — Assez commun en septembre et octobre. Je l'ai trouvé en tamisant la terre, sous des champignons mis en tas, dans un jardin.

P. Spencei Allib. — Dans le terreau de couches à melons, en septembre et octobre (AR).

P. exaratum Illig. — L'été, dans le terreau (CC).

Millidium Matth.

M. trisulcatum A. — L'été, dans le terreau des couches à melons (CC).

Ptenidium Er.

P. nitidum Herr. — (RR). Un seul exemplaire, dans des détritus.

P. evanescens Marsh. — Très commun, toute l'année, dans le terreau des couches, dans les fumiers. On le trouve plus rarement en hiver.

P. lævigatum Gillm. nec Er. (*puntulatum* Steph). — Autun, dans du terreau de couches; en novembre (R).

Phalacrus Payk.

P. corruscus Payk. — Le Creusot (C)! Autun, les Revirets!

Assez commun sous les lichens qui recouvrent les vieux chataîgners. Février, mars et avril.

P. substriatus Gyll. — Autun, sous des écorces, l'hiver (AR).

3e FAMILLE PHALACRIDÆ.

Olibrus Er.

O. corticalis Panz. — Très commun, partout, de novembre à mars sous les écorces de platane, où ils se réunissent par familles nombreuses, pour passer l'hiver. Autun. Le Creusot!

O. testaceus Illig. — Le Creusot (AC).

O. millefolii Payk. — Sous des écorces, l'hiver. Autun (R) Le Creusot (C).

O. geminus Illig. — Assez commun.

O. liquidus Er. — Mâcon (Guérin). Le Creusot (C).

O. bimaculatus Küst. — Mâcon, très commun.

O. bicolor F. Mâcon (Guérin). Le Creusot (C).

O. æneus F. id. (CC). Le Creusot, (C), sous écorces, débris végétaux, bouses.

O. pygmæus Sturm. — Mâcon (Guérin). Le Creusot (R). Autun, sous détritus au pied d'arbres verts (R).

O. affinis Sturm. — Mâcon (Guérin). Le Creusot (C).

4e FAMILLE CORYLOPHIDÆ.

Orthoperus Steph.

O. brunnipes Gyll. — Assez commun, au printemps et à l'automne, sous des éclats de bois, dans les forêts. Autun. Le Creusot. St-Maurice-les-Couches (Marchal).

O. anxius Mls. — Un peu plus rare. Ce petit insecte se prend parfois, en grande quantité, vers la fin de septembre, su les chrysalides velues des papillons crépusculaires ou noc turnes, qui se trouvent enfoncées au pied des arbres ; j'e ai pris rarement et en petites quantités, dans d'autres cir constances. Je l'ai alors trouvé dans des criblures de grain fraîchement battus et pris au vol vers le milieu d'août. St St-Denis, St-Agnan, Autun (Abbé Viturat).

O. atomus Gyll. — Au printemps, sous des tas de pierres dans les champs (CC) : Autun, les Rivières !

O. atomarius Heer. — Même habitat, mais plus rare.

Moronillus du V.

M. ruficollis du V. — Sous des détritus, pendant l'été (R).

Corylophus Steph.

C. cassidioïdes Marsh. — St-Maurice-lès-Couches ! (Marchal) Autun, bords de l'Arroux ! sous détritus d'inondations, a mois de mars (AR).

Sericoderus Steph

S. lateralis Gyll. — Dans les détritus de jardins. Très com mun, l'été, dans le chaume des toits. Autun. St-Maurice lès-Couches (Marchal).

Arthrolips Wolls.

A. humilis Rosb. — Le Creusot et St-Maurice-lès-Couche (Marchal).

Sacium Le C.

S. brunneum Bris. — Sous des éclats de bois, provenant d coupes, dans les forêts, au printemps (AC). Autun, Mesvres (Marchal). St-Maurice-lès-Couches (Marchal).

5e FAMILLE CLAMBIDÆ.

Comazus Fairm.

C. dubius Marsh. — Peu commun, sous les pierres, dans les sentiers herbeux, au printemps. — Autun, Le Creusot (RR). Pris un exemplaire sur un tonneau.

Clambus Fisch.

C. armadillo de G. — Très commun, au printemps, sous les pierres qui bordent les sentiers et les routes, dans les bois: Autun; Mâcon !

6e FAMILLE AGATHIDIDÆ.

Agathidium Illig.

A. nigripenne F.— L'hiver, sous des écorces de hêtre (AR). La Creuse d'Auxy! L'insecte se trouve complétement enfoui dans l'écorce; il faut une certaine attention pour le voir.

A. atrum Payk. — Commun, l'hiver, sous les détritus de châtaigneraies surtout. Autun, Les Revirets ! Le Creusot (R).

A. orbiculare Steph. — Sous détritus des bois, l'hiver (AR).

A. badium Er. — Le Creusot ! sous écorces de hêtre, au mois d'avril; un seul exemplaire. Autun, La Creuse d'Auxy ! dans les troncs pourris de hêtres (AR).

Amphicyllis Kr.

A. globus F. — Détritus des bois, l'hiver (AR). Autun (Abbé (Lacatte). Sous écorce de hêtre, avril : Le Creusot (AR).

J'ai trouvé, l'hiver, à Champ-Chanou, près Autun, cinq ou six de ces insectes, enfermés dans des cavités rondes, creuées dans l'écorce d'un hêtre récemment coupé, écorce qui adhérait encore assez fortement au bois ; à la partie extérieure de l'arbre, il n'y avait pas d'ouverture, correspondant à la cavité renfermant l'insecte : sur le bois pas de trace de larves. Il n'est pas admissible que l'œuf ait été déposé, là où j'ai trouvé l'insecte parfait, il y aurait eu des débris de la larve ou de la nymphe. Il est probable que l'*Amphycyllis* adulte s'est creusé dans l'écorce sa retraite d'hiver et il se sera produit, en cet endroit, une cicatrice, car l'arbre n'était pas encore sec.

A. globiformis Shalb. — Même habitat (RR).

Liodes Latr.

L. glabra Kugel. — Sous des écorces, au mois de Juillet (RR).

L. humeralis F. — Un exemplaire dans une souche de pin, août, Creusot. Autun ! trouvé un exemplaire sous des écorces, au printemps (Abbé Lacatte).

7e FAMILLE ANISOTOMIDÆ.

Colenis Er.

C. dentipes Gyll. — Autun, les Revirets ! en novembre et décembre, sous feuilles de châtaigners un peu humides et renfermant des productions cryptogamiques. On les attire facilement avec des truffes gâtées.

Anisotoma Illig.

A. dubia Panz. — Sous des détritus (RR).

A. cinnamomea Panz. — Cet insecte doit vivre de productions cryptogamiques, car je ne l'ai trouvé que sous des champignons que je faisais pourrir en tas, dans mon jardin ; il recherche l'obscurité et ne doit sortir que la nuit.

8e FAMILLE SILPHIDÆ.

Les *Silphides* vivent presque tous de matières animales

en décomposition putride. Ils répandent des odeurs désagréables, en rapport avec leur nourriture. Quand on les saisit, ils dégorgent, par la bouche, une salive brunâtre.

Leptinus Müll.

L. tescaceus Müll. — Un exemplaire pris au printemps, sous une très grosse pierre (RR). Autun, route d'Epinac!

Colon Herbst.

C. viennensis Herbst. — Cluny (Cl. Rey).

Catops Payk.

C. picipes F. — L'hiver, sur des appâts placés au pied des arbres, dans les forêts (AC).

C. grandicollis Er. — Mâcon (Guérin).

C. chrysomeloïdes Panz. — Le Creusot, sous les pierres, au pied des arbres (R). Mois de mai.

C. tristis Panz. — Autun, collection de M. l'Abbé Lacatte; Le Creusot.

C. Watsoni Spenc. — Dans des détritus de forêts, au mois de mars (RR).

O. fumatus Spenc. — Le Creusot.

C. Wilkini Spenc. — Même habitat que le *Watsoni*, l'hiver (RR).

C. anisotomoïdes Spenc. — id. id. (AR).

C. sericeus F. — Sous détritus de jardins. Autun, (R). Mâcon. Je l'ai trouvé également dans des champignons, au mois de septembre.

Choleva Latr.

C. Sturmi Bris. — Le Creusot, peu commun, sous les pierres et les mousses.

C. angustata F. — Très commun, partout, dans les détritus végétaux, sur les petits cadavres, dans les bois; toute l'année.

C. cisteloïdes. — Avec le précédent (AC). Autun; Mâcon; Digoin (Frère Augustalis).

Phosphuga Leach.

P. atrata L. — Très commun, partout, toute l'année, sous les pierres, les écorces, sur les chemins au soleil, dans les blés, sous les petits cadavres.

La var. *pedemontana* est rare. Autun; Issy-l'Êvêque (Decœne).

P. polita Sulz. — Commun partout, surtout dans les bois. Autun (collection Lacatte). Mâcon. Digoin (Frère Augustalis). Le Creusot.

Silpha L.

S. tristis Illig. — Le Creusot, peu commun. St-Julien, sous la mousse, en avril (Pierre).

S. 4-punctata L. — En familles nombreuses, sur les chênes, à la recherche des chenilles processionnaires, mais on ne le rencontre qu'à de rares intervalles; je ne l'ai vu qu'une fois, dans les environs d'Autun. Chalon, dans les bois de jeunes chênes, habités par les chenilles (Peragallo). Autun à Drousson! en mai. Mâcon. Le Creusot, très commun, certaines années, en mai, sur le chêne fleuri (Marchal). St-Julien, sur des fleurs de fusain (Pierre). Digoin (Pic).

S. obscura L. — Peu commun. Le Creusot, commun dans les bois. Autun; Mâcon; St-Julien, sous des mousses, au mois d'avril; Digoin (Frère Augustalis).

S. carinata Illig. — (R). Sous les mousses du parc de Montjeu, près Autun.

S. nigrita Creutz. — Digoin! (Frère Augustalis).

S. dispar. Herbst. — Sous des petits cadavres, taupes, rats, etc. (AC). L'été. Autun, Le Creusot.

S. sinuata F. — Autun (AC). Digoin! (Frère Augustalis). Mâcon. St-Julien, sous des cadavres.

S. rugosa L. — (AR). Trouvé au milieu de cantharides sèches, à Autun. Le Creusot.

S. thoracica L. — Assez commun, l'été, sous de petits cadavres, dans les bois. Autun, bois de Montjeu ! Chalon, dans les bois (Peragallo). Digoin, lors des inondations (Pierre). Le Creusot. Digoin (Pic).

Necrodes Dj.

N. littoralis L. — Sous cadavres d'animaux un peu gros et surtout sous ceux des animaux noyés et rejetés par les rivières. On en prend souvent dans les bois, au moyen d'appâts (un rat mort, mis au fond d'un flacon à large ouverture, que l'on enterre au pied d'un arbre). Le mâle est plus rare et se distingue par ses cuisses postérieures, très larges. Autun, toute l'année : Bois de Montjeu ! de Montchauvoise ! Le Creusot. St-Julien, sous le cadavre d'une oie, en juillet (Pierre). Digoin (Pic).

Necrophorus F.

Les *Nécrophores*, instruments aveugles d'une admirable harmonie, débarrassent l'athmosphère de sources nombreuses d'infection, en ensevelissant les cadavres de petits animaux, cadavres qui doivent servir de berceau et de première nourriture à leurs descendants.

N. germanicus L. — Digoin (Pic)??

N. humator Gœz. — Recherche surtout les gros cadavres (AC). L'été. Autun (Collection Lacatte).

N. vespillo L. — Sous les cadavres, Autun (AC). Mâcon. Le Creusot (R). St-Julien.

N. vestigator Hersch. — Autun, même habitat (AC). Le Creusot, sous cadavres et substances putréfiées, peu commun. St-Julien, sous un cadavre, au mois de juin. Digoin ! (Frère Augustalis).

N. fossor Er. — Même habitat (AC).

N. sepultor Charp. — Digoin (Pic).

N. mortuorum F. — Improprement nommé, il ne vit que dans les champignons et agarics en décomposition. Les individus trouvés rarement sous les cadavres, sont plus rouges (AC). Eté et automne. Autun; Chalon (Peragallo); St-Julien, en avril, sous la mousse, au pied d'un chêne.

9e FAMILLE HISTERIDÆ.

Ces insectes, généralement d'un noir brillant, vivent dans les charognes, les excréments, les champignons décomposés, les détritus végétaux et sous les écorces.

Hololepta Payk.

H. plana Fuessl. — Mâcon. Collection Guérin.

Platysoma Leach.

P. angustatum Hoff. — Le Creusot, assez commun, l'automne, sous écorces de pins morts.

P. frontale Payk. — Le Creusot, sous écorces de vieux noyers (R). St-Julien, sous écorces de sapins (R), (Pierre). Mâcon! (Guérin).

P. oblongum F. — Le Creusot, sous écorces de pins, de hêtres (R).

P. depressum F. — Très commun, toute l'année, dans le terreau qui se forme sous les écorces des arbres morts, pins, hêtres, etc. Autun; St-Julien (AC). Le Creusot, sous les écorces de hêtre surtout.

Hister L.

H. inæqualis Ol. — Issy-l'Évêque, une paire, trouvée dans une bouse (RR), (Decœne). Mâcon! (Guérin). Pas rare dans les bouses des côteaux de Buxy, Givry (Peragallo). St-Julien, (Pierre et Sandre).

H. 4-maculatus L. — Assez commun sous les cadavres, les bouses, les excréments, les fumiers. Autun, Mâcon, Le Creusot, St-Julien; Digoin! (Frère Augustalis).

La var. *gagates* Illig. se trouve à Autun, mais rarement.

H. helluo Truq. — (AR), Autun.

H. unicolor L. — Sous le fumier, les cadavres, sous des arbres pourris (C). Autun, Le Creusot, Mâcon (R). St-Julien (CC). Digoin! (Frère Augustalis).

H. cadaverinus Hoffm. — L'été, sous cadavres, charognes, fumiers, champignons pourris (R). Autun, Mâcon. St-Julien, sous cadavre d'une taupe (Pierre).

P. purpurascens Herbst. — Dans les bouses, fumiers, ordures (R). L'été, Autun, Le Creusot; Digoin! (Frère Augustalis).

H. stercorarius Hoff. — Sous bouses et fumiers, l'été. Autun (AR). Le Creusot (AC). St-Julien. Mâcon (Guérin).

H. 4-notatus Scrib. — Autun, Le Creusot (AC).

H. neglectus Germ. — Le Creusot, rare.

H. *merdarius* Hoffm. — Le. Creusot, assez commun dans les bouses et fumiers : Autun (AR).

H. ignobilis Mars. — Le Creusot, rare.

H. ventralis Marsh. — Mâcon (Guérin).

H. 12-striatus Schrk. —. Autun (Abbé Lacatte). Mâcon! St-Julien, dans les bouses (Pierre). Le Creusot, assez commun sous les bouses, le fumier, le bois pourri.

H. sinuatus Illig. — (R). Autun, collection de M. l'abbé Lacatte. Mâcon (Guérin). Digoin! (Frère Augustalis).

H. carbonarius Hoffm. — Le Creusot, sous charognes, fumiers et autres immondices. Autun. Mâcon (Guérin); Digoin! (Frère Augustalis).

H. bimaculatus L. — Sous les fumiers, quelquefois au vol, l'été (AR). Autun (Abbé Lacatte). Le Creusot; Mâcon (Guérin).

H. nigellatus Germ. (*ruficornis* Grim.). — Le Creusot, sous champignons ligneux (R).

H. corvinus Germ. — St-Maurice-lès-Couches (Marchal).

H. puncticollis Hers. — Est le même insecte que *Platysoma frontale* Payk.

Hetærius Er.

H. sesquicornis Preyssl. — Assez commun l'hiver et au printemps, sous les pierres qui recouvrent les nids de *F. rufa* et *fusca*. M. l'abbé Lacatte l'a trouvé dans le tamisage des grosses fourmilières (*F. Rufa*). Autun ; Bois de Montcenis (Marchal). Semur, montagne de Dun (Abbé Viturat). Marmagne, dans une fourmilière (Cartier). Si baromètre est très bas et s'il menace de pleuvoir, on trouve les *Hetærius* plus nombreux que par un temps sec et chaud.

Onthophilus Leach.

O. striatus Forst. — Le Creusot, un exemplaire, sous un corps mort (RR). Assez commun sous débris de plantes, à St-Maurice-lès-Couches (Marchal).

O. sulcatus F. — Autun, collection de M. l'abbé Lacatte.

Paromalus Er.

P. flavicornis Herbst. — Assez commun l'hiver, sous écorces de chênes. Autun. Le Creusot. St-Maurice-lès-Couches (Marchal).

P. parallelipipedus Herbst. — Le Creusot, sous écorces d'arbres morts (AR).

Dendrophilus Leach.

D. punctatus Herbst. — Dans un nid de F. *rufa* (RR).

D. pygmæus L. — L'hiver, dans les nids de *F. fulva* et *rufa*. Autun (R). Le Creusot (AC). Marmagne (Cartier). L'insecte se tient de préférence dans la périphérie des grosses fourmilières, rarement au fond ou au centre (Marchal).

Abræus Leach.

A. globosus Hoffm. — Dans les fourmilières, l'hiver (AC). Autun. Le Creusot, dans des détritus de pin. Digoin ! (Frère Augustalis).

A. parvulus A. — (R).

Acritus Le C.

A. minutus Herbst. *(fulvus* Mars.*)* — Très commun, toute l'année, dans le terreau des couches à fleurs et à melons, dans le fumier, les matières en décomposit on. On le trouve en plus grand nombre, l'été que l'hiver.

A. nigricornis Hoff. — Même habitat, mais moins commun.

Plegaderus Er.

P. cæsus Fl. — Le Creusot, un seul exemplaire.

Saprinus Er.

S. nitidulus Payk. — Assez commun, sous bouses, matières organiques en décomposition. Autun ; Le Creusot; Mâcon; Digoin ! (Frère Augustalis).

S. speculifer Latr. — Autun (R). Collection de M. l'abbé Lacatte. Le Creusot (R). Digoin ! (Frère Augustalis).

S. seriepunctatus F. — Autun, collection de M. l'abbé Lacatte.

S. æneus F, — Autun (R). Id. id. sous bouses, charognes et autres immondices. Le Creusot, sous bouses et cadavres (R).

S. virescens Payk. — Sous des bouses, au bord de la Loire, à Digoin (Pierre).

S. rugifrons Payk. — Digoin ! (Frère Augustalis).

S. Nannetensis Mars. — Dans les détritus d'inondations de la Loire à Mâcon ! (Guérin). (RR).

Gnathoncus du V.

G. piceus Payk. — L'hiver, dans les nids de la F. *rufa* (AR).

G. rotundatus Ill. — Assez commun dans les montagnes, entre le Creusot et Marmagne (Cartier); Digoin ! (Frère Augustalis).

6e TRIBU. — LAMELLICORNES

Les *lamellicornes* ont des mœurs très différentes, beaucoup sont crépusculaires, d'autres se plaisent au soleil; les uns, se nourrissent de substances stercoraires, d'autres, de substances végétales décomposées. Beaucoup, rongent les feuilles de végétaux vivants; enfin, certains recherchent le miel des fleurs ou certains sucs qui découlent des arbres.

« L'inspection de la robe des espèces de cette tribu, suffit « pour révéler leur condition. Les *Oryctes* et *Rhizotrogus*, « condamnés à une vie en partie cachée, sont rougeâtres, « comme la terre qui leur sert d'asile. Les *Coprophages*, voués « au travail le plus vil, portent des couleurs lugubres, adop- « tées par la douleur. Les espèces qui vivent à la lumière, cel- « les surtout pour lesquelles les fleurs ouvrent tous les trésors « de leur sein, ont reçu, pour leur faire la cour, un véritable « habit de conquête. Les uns, portent un corselet revêtu de « velours; les autres, ont les élytres garnies d'écailles colorées. « La cuirasse de plusieurs, est encadrée dans du jais ou pa- « rée de dessins variés; celles des autres, brille d'une riches- « se toute métallique. Là, c'est le cuivre avec toutes ses nuan- « ces; ici, l'argent uni à l'azur le plus tendre; ailleurs, c'est « l'or avec son poli et son éclat. Et comme si ce n'était pas « assez du don de la beauté, diverses espèces ont reçu le pou- « voir de répandre des odeurs plus ou moins agréables. Celle « des *Osmodermes* est assez forte pour trahir leur présence. « Celle d'une *Trichie* est faible au contraire, mais elle est si « parfumée, que cette charmante créature semble avoir dérobé « aux roses leurs arômes les plus suaves. »

(*Lamellicornes* de France, Mulsant, 1842, page 25).

1re FAMILLE SCARABÆIDÆ.

Gymnopleurus Illig.

G. flagellatus F. — Le Creusot, commun, l'automne, sous les excréments desséchés, lieux élevés.

G. Geoffroyi Sulz. — Mâcon (Guérin).

Sisyphus Latr.

S. Schæfferi L.— Dans les crottins de moutons, au printemps; terrains calcaires (R). Epinac. Paris-l'Hôpital. Le Creusot. (R).

Onthophagus Latr.

Tous les insectes de ce genre habitent les déjections des *Solipèdes* et des grands ruminants, ou les excréments de l'homme et rarement les débris de matières animales. On les rencontre dès les premiers jours du printemps, jusqu'au mois de septembre.

O. amyntas Ol. — (AC).

O. furcatus F. — Le Creusot, Mâcon, St-Julien. Digoin! (Frère Augustalis).

O. nuchicornis L. — Le Creusot. Autun, Collection de M. l'abbé Lacatte.

O. nutans F. — Autun, collection de M. l'abbé Lacatte.

O. fracticornis Preyss. — Mâcon (Guérin).

O. taurus L. — (C). Autun, St-Julien. Le Creusot.

O. vacca L. — Commun dans les bouses de vaches, au printemps; Autun; St-Julien; Digoin! (Frère Augustalis); Le Creusot.

O. ovatus L. — (AC). Mâcon; Autun; St-Julien; Digoin! (Frère Augustalis).

O cænobita Herbst. — (AR). Autun; St-Julien; Digoin! (Frère Augustalis).

Copris Geoffr.

C. lunaris L. — Mâcon (Guérin). — St-Julien, commun dans les trous qu'il creuse sous les bouses (Pierre). Le Creusot (C). Digoin ! (Frère Augustalis).

Bubas Mls.

B. bison L. — Autun, Porte des Marbres, sous une bouse de vache, en compagnie d'un *Carabus purpurascens* (de Laplanche). C'est un insecte tout à fait méridional, dont la présence signalée à Autun, est complétement accidentelle.

Caccobius Thoms.

C. Schreberi L. — Autun ; Mâcon ; St-Julien ; Le Creusot ; Digoin ! (Frère Augustalis).

Oniticellus Serv.

O. pallipes F. — (AR). Autun, sous les bouses, dans les prés qui bordent l'Arroux.

O. flavipes F. — (AC). Autun ; Le Creusot ; Digoin (Frère Augustalis).

2e FAMILLE APHODIDÆ.

Colobopterus Muls.

C. erraticus L. — (AC). Mâcon ; Le Creusot ; St-Julien ; Digoin ! (Frère Augustalis). Sous les bouses, au printemps.

Coprimorphus Mls.

C. scrutator Herbst. — St-Julien (Pierre), sous des bouses.

Eupleurus Mls.

E. subterraneus L. — (AC). Je l'ai trouvé à l'automne, sous des écorces, mais on ne le rencontre généralement que sous les bouses. Autun; Le Creusot; Mâcon; Digoin! (Frère Augustalis).

Otophorus Mls.

O. hæmorrhoïdalis L. — (AC).

Teuchestes Mls

T. fossor L. — Dans les déjections des ruminants, plus commun dans les bois. (AC). Le Creusot, Mâcon, Digoin! (Frère Augustalis). M. Pierre a trouvé à St-Julien, un exemplaire complétement rouge, moins la tête et le corselet; l'insecte, était probablement immature.

Aphodius Illig.

Tous les *Aphodius* se rencontrent au printemps et en été, au milieu des matières excrémentielles ou stercoraires. On en trouve, mais rarement, sous les matières animales en voie de décomposition : quelques-uns sont crépusculaires.

A. scybalarius Illig. — (AC). Autun, Le Creusot.

A. fimetarius L. — (AC). Cheilly! Le Creusot, St-Julien, Mâcon; Digoin! (Frère Augustalis). Sous bouses, crottins et fumiers, de mai à juillet.

A. fætidus F. (*putridus* Sturm).— (AR). Le Creusot, Autun.

A. pusillus Herbst. — Dans détritus d'inondations, bords de l'Arroux, à Autun, au mois de mars (AR).

A. granarius L. — (C). Mâcon, Autun, St-Julien, Le Creusot.

A. rufipes L. — Le Creusot (AR). Mâcon, St-Julien; Digoin! (Frère Augustalis).

A. melanostictus Schm. — Mâcon (Guérin).

A. constans Duft. — Id., id.

A. tristis Panz. — (AC). Le Creusot, Autun.

A. 4.-maculatus L. — (AC). Mesvres, sur une montagne aride. St-Julien. Le Creusot, peu commun.

A. biguttatus Germ. — Buxy, rare (Cartier).

A. immundus Creutz. — Le Creusot (R).

A. plagiatus L. — Je n'ai trouvé que la var. A, sans taches (R) : Autun; Chalon-sur-Saône (Myard).

A. sordidus F. — (AR).

A. rufus Moll. — Mâcon, collection Guérin.

A. nitidulus F. — (AC). Autun; Mâcon (Guérin).

A. merdarius F. — Très commun partout.

A. inquinatus Herbst. — (C). Autun, Le Creusot, St-Julien, Mâcon.

A. consputus Creutz. — Bords de l'Arroux, à Autun, dans les détritus d'inondations, au printemps (R).

A. sticticus Panz. — Assez commun.

A. tesselatus Payk. — Autun, assez rare.

A. punctato-sulcatus St. — (CC). Paraît avant le suivant, dès les premiers beaux jours du printemps, sur les routes surtout. Autun. Mâcon.

A. prodromus Brahm. — Très commun.

A. obliteratus Panz. — (Espèce distincte du *contaminatus* Herbst.). — Autun (R).

A. bimaculatus Laxm. — Digoin, au bord de la Loire, sous des bouses (Pierre); Mâcon (Guérin).

A. contaminatus Herbst. — (R).

A. luridus F. — Mesvres (AR). Sur une montagne aride. Le Creusot, peu commun. St-Julien (Pierre). La var. *gagates* Müll., à élytres entièrement noires, est plus commune au Creusot, que le type.

A. scrofa F. — (R).

A. 4-guttatus Herbst. — Digoin! (Frère Augustalis).

Heptaulacus Mls.

H. testudinarius F. — Autun (AR). Le Creusot, parfois très commun dès février, dans les déjections de ruminants. St-Julien. Digoin! (Frère Augustalis).

Oxyomus Cast.

O. porcatus F. — Très commun toute l'année, partout, sous les fumiers, dans le terreau des couches de jardins; au vol, dans les soirées d'été.

Pleurophorus Mls.

P. cæsus Panz. — (R). Dans le terreau des couches à melons, et au vol, le soir, au mois de juillet, dans les jardins.

3e FAMILLE GEOTRUPIDÆ.

Minotaurus Mls.

M. typhæus L. — Autun (AC). Sous les bouses et crottins, dans les prés qui bordent l'Arroux, en juillet; le mâle est plus rare que la femelle. Le Creusot, dans des crottins de moutons (AC). St-Julien, même habitat (Pierre).

Geotrupes Latr.

G. stercorarius L, — Assez commun sous les bouses d'herbivores, de cheval, surtout; on le trouve à une certaine profondeur, au fond des trous qu'il creuse sous les excréments. L'été; Autun, Le Creusot, (R). St-Julien. Digoin! (Frère Augustalis).

G. mutator Marsh. — Dans les bouses, dans le crottin de cheval, très commun partout.

G. sylvaticus Panz. — On le rencontre quelquefois dans les bouses, mais plus ordinairement au pied de divers champignons, dans les forêts. Le Creusot; St-Julien; Autun (CC), Bois de Briscou et de Montchauvoise.

G. vernalis L. — Commun partout, sous les bouses, au printemps et en automne. Autun, Le Creusot.

Odontæus Illig.

O. armiger Scop. — Insecte crépusculaire, qui se prend surtout le soir, en fauchant dans les prairies. Autun (RR). Collection de M. l'abbé Lacatte. St-Julien, un exemplaire pris au vol, dans une maison, au mois de juin (RR). (Pierre).

La rareté de cet insecte, résulte de la difficulté de sa recherche, quand on ne connait pas les circonstances indispensables, pour le rencontrer avec certitude. Il vole le soir au crépuscule, très près de terre, depuis les derniers jours de mai, jusqu'au milieu de juillet, quand il fait une grande chaleur; on le rencontre toujours de 8 heures 1/2 à 9 heures du soir, excepté par un temps très couvert et orageux, on le prend dès 7 heures 1/2. Il faut, de plus, ajouter à ces conditions, celles d'un ciel sans nuage ou à peu près, et se placer de manière à ce que l'insecte en volant, se détache sur le ciel, autrement, l'obscurité ne permettrait pas de l'apercevoir. Il faut, pour cela, se baisser presque jusqu'à terre. *(Ann. de la Société Entom.* de France, 2e série, tome X. — A. Rouget).

4e FAMILLE TROGIDÆ.

Trox F.

T. sabulosus L. — Le Creusot, sous les cadavres, dans les endroits sablonneux (R).

T. perlatus Scrib. — Digoin ! sous cadavres desséchés (Frère Augustalis) : été; rare.

5e FAMILLE ORICTIDÆ.

Oryctes Illig.

O. nasicornis L. — Rare dans Saône-et-Loire; il a été pris à Digoin, dans une couche à melons et à la tannerie ; je ne connais pas d'autres localités du département où il ait été rencontré (Abbé Viturat). St-Julien, deux sujets trouvés dans du tan (Pierre). Le Creusot (R), capturé plusieurs femelles (Marchal).

6e FAMILLE MELOLONTHIDÆ.

Melolontha F.

M. vulgaris F. — Trop commun partout, en mai et en juin. Les *Melolontha* sont des insectes nuisibles, dans toutes les phases de leur vie active, mais principalement à l'état de larves. L'insecte parfait, dépouille les arbres de leurs feuilles et leur cause ainsi, un tort plus ou moins grand, car pour les arbres fruitiers, par exemple, ils sont obligés d'employer à la production de nouvelles feuilles, la sève qui devait servir à nourrir les fruits. Les larves attaquent les racines des plantes et les dommages qu'elles causent, sont en raison directe de leur grosseur. Les jardins sont quelquefois dévastés; des prairies de luzernes sont en quelque temps dégarnies; des avoines blanchissent et périssent sur pied avant maturité.

M. hypocastani F. — Même habitat que le précédent, mais un peu moins commun; il diffère du *vulgaris* par le rebord des élytres qui est noir et non testacé, et par le prolongement du pygidium, qui est arrondi à l'extrémité, au lieu d'être tronqué.

Polyphylla Harr.

P. fullo L. — Un exemplaire vivant a été capturé dans une cour du petit séminaire de Semur, à la suite d'un orage; avait-il été entraîné par le vent? Plusieurs autres sujets ont cependant été trouvés à Semur, surtout au pied des arbres, mais tous étaient plus ou moins endommagés ou morts. (Abbé Viturat). Le Creusot et Marmagne, sur un pied d'acacia (R), (Marchal); St-Eugène (Decœne); Chalon (Victor Battault). Ce magnifique insecte est rare dans tout le département.

Anoxia Cast.

A. *villosa* F. — Commun dans les prés de Chalon, sous les peupliers (Peragallo). Digoin, il n'y est pas rare l'été, sur bords de la Loire (Abbé Viturat). Le Creusot, un seul exemplaire.

Amphimallus Latr.

A. *solstitialis* L. — Vole le soir et quelquefois en plein midi, dans les prés et les terres légères (AR). L'été. Chalon, dans les prés qui bordent la Saône (E. Legras); St-Julien, au mois de juin (Pierre). Le Creusot, au vol, dans les belles soirées du printemps.

A. *fuscus* Ol. — Sur les côteaux et petites montagnes; paraît vers le solstice d'été; commence à voler vers 4 à 5 heures du matin et rentre en terre vers les 7 ou 8 heures (AC). Commun le matin, sur les côteaux des environs de Chagny (Peragallo). Mâcon. Anost (Marchal).

A. *rufescens* Latr. — Le Creusot, au vol, dans les soirées du printemps; Mâcon; St-Julien, au vol, dans le mois de juin. Anost (Marchal).

A. *ruficornis* F. — Digoin (Abbé Viturat), (AC). Pas rare l'été à Buxy et à St-Dezert (Peragallo). Autun, au vol, le matin, sur les bords de la route de Curgy (AR).

Rhizotrogus Latr.

R. *marginipes* Mls. — Rare dans les environs d'Autun. Issy-l'Evêque (Decœne).

R. *æstivus* Ol. — Il n'est pas rare dès la fin d'avril, dans les jardins, où il vole le soir; Autun; St-Julien. Anost (Marchal). Digoin! (Frère Augustalis).

Serica Mac.-L.

S. *brunnea L.* — Pas rare, le matin, sur les côteaux de Chalon (Peragallo). Le Creusot (RR), capturé en juillet (Marchal et Cartier). Semur-en-Brionnais, en juillet, sur les bords du canal latéral à la Loire, dans un lieu ombragé d'acacia, non loin d'un sablière; insecte crépusculaire, rare (A. Martin).

Maladera Mls.

M. holosericea Scop. — Mâcon (Guérin). St-Julien (RR). Digoin, (Frère Augustalis).

Omaloplia Steeph.

O. ruricola F. — Commun le matin, à St-Dezert (Peragallo).

Triodonta Muls.

T. aquila Cast. — Digoin! (Frère Augustalis).

7e FAMILLE ANOMALIDÆ.

Anomala Sam.

A. Frischi F. — Mâcon (Guérin).

A. junii Duft. — id. id.

Phyllopertha Steph.

P. horticola L. — Commun dans nos jardins, il dévore, l'été, les feuilles des arbres fruitiers et celles de divers végétaux et, parfois même, les fleurs. Autun, Mâcon, Le Creusot. St-Julien, sur des arbrisseaux, au mois de mai.

P. campestris Latr. — Digoin! (Frère Augustalis).

Amisoplia Lepell.

A. villica Mls. — Le Creusot, très commun sur les céréales et sur *Sinapis Cheiranthus*. Digoin! (Frère Augustalis).

A. agricola L. — Autun, collection de M. l'abbé Lacatte. St-Julien, sur arbrisseaux au mois de mai (Pierre).

8e FAMILLE HOPLIIDÆ.

Hoplia Illig.

H. philanthus Sulz. — Commun dans le mois de juin, sur les saules, au bord des rivières. Autun; Mâcon; Le Creusot, sur les céréales, commun. St-Julien, sur les herbes, dans les prés de l'Arconce (Pierre).

H. cærulea Drury. — Je ne l'ai rencontré qu'une seule fois, dans les environs d'Etang, sur les plantes et arbrisseaux d'un pré, situé sur le bord d'un ruisseau. Juin (AR). Digoin, commun sur l'*Onagre*; bords de la Loire (Pierre).

La femelle de cet insecte est très rare; sa couleur est quelquefois d'un gris marron, mais ce n'est là qu'une variété; les femelles sont d'un bleu d'acier, comme les mâles. M. Houry, s'en est assuré lors de l'accouplement (E. Lelièvre). L'année dernière, à Murat (Cantal), MM. Fauvel, Cartier et moi, nous avons vu sur les bords d'une rivière, les arbustes et les plantes couverts d'*Hoplia*. Désireux de trouver la femelle, nous recherchions des accouplements; mais ce fut en vain. Il est à supposer que la femelle ne doit pas être si rare, mais que l'accouplement doit se faire ou pendant la nuit, ou pendant le jour, mais à terre, au pied des arbustes ou des plantes.

H. farinosa L. — Commun en juin, juillet, aux environs d'Epinac, sur les ombellifères, les arbustes en fleurs. Mâcon. St-Julien, plus rare que les précédents. Marmagne, rencontré quelquefois sur les bords du Mesvrin (Marchal).

9e FAMILLE CETONIDÆ.

Valgus Scriba.

V. hemipterus L. — Très commun partout, dès le mois d'avril; on le trouve sur les bois (aulne, saule, cerisier), dans lesquels il a vécu à l'état de larve, quelquefois sur les fleurs.

Trichius F.

T. fasciatus L. — Très commun partout, au mois de mai, juin, sur fleurs de pommier, d'églantier, de troëne, même sur ombellifères, dans les prés.

T. abdominalis Men. — Comme le précédent, aussi commun.

Gnorimus Lepell.

G. nobilis L. — En juin, sur les grandes ombellifères ou fleurs analogues, sur les corymbes de sureau, d'hyeble. Autun (AC), La Creuse d'Auxy, bois de Montjeu! dans les prés des bords de l'Arroux. Le Creusot; Mâcon; St-Julien.

G. variabilis L. — Insecte crépusculaire et nocturne, qu'on trouve sur les châtaigners, vers la fin du printemps (AR). Bois des Revirets, près Autun.

Osmoderma Lepell.

O. eremita Scop. — Sur les saules, vers la fin du printemps et dans le milieu du jour; il répand une forte odeur de cuir de russie. Autun (AR). Mâcon, 14 juillet, (Guérin). Pas rare sur les saules, dans les prairies de Chalon, Mâcon; facile à découvrir à cause de la forte odeur qu'il répand (Peragallo). — St-Julien, un exemplaire, près d'un nid de moineaux (Sandre). Le Creusot, dans le trou d'un vieux chêne, vers Torcy, au mois de Juillet (R). — Il se trouve un peu partout dans Saône-et-Loire, mais rarement. Longtemps, il a été très commun à Tournus, dans un champ contenant de vieux saules, où vivait sa larve (Abbé Viturat).

Oxythyrea Mls.

O. stictica L. — Très commun sur les arbres fruitiers, dont il dévore les parties florales et détruit ainsi les espérances de l'été et de l'automne. Mâcon; Autun; Le Creusot, sur fleurs de ronces (C).

Epicometis Burm.

E. hirtella L. — Très commun partout, sur fleurs de poiriers, pommiers et autres arbres fruitiers.

E. squalida L. — Commun dès le mois d'avril, sur les fleurs de pissenlit, colza, sur les poiriers, pommiers. Il ressemble beaucoup au précédent; il en diffère par la ponctuation de l'écusson, qui ne s'étend que jusqu'à la moitié, au lieu d'aller jusqu'à l'extrémité, et par la cote humérale des élytres qui est simple, et ne se bifurque pas à la base.

Cetonia F.

C. marmorata F. — Le Creusot, sur des fleurs d'églantier, au mois de juin (R).

C. morio F. — Sur chardons en fleurs et diverses autres plantes. Juin (AR). Autun, Epinac, Paris-l'Hôpital; Mâcon. Le Creusot, commun sur fleurs de *Sinapis Cheiranthus*, quelquefois, dans les plaies des arbres,

C. aurata L. — Très répandu partout, l'été, sur fleurs de rosiers, d'églantiers, ombellifères, etc.

7e TRIBU. — PECTINICORNES.

Ces insectes ont, en général, une couleur sombre, noire ou brune; leur régime paraît exclusivement végétal; ils sucent la miellée de certains arbres et les sucs odorants qui coulent de leurs plaies.

Lucanus Scop.

L. Cervus L. — Un des plus grands coléoptères de France. Assez commun au mois de juillet, dans les forêts de chênes. Il ne vole qu'après le coucher du soleil, et le jour, reste accroché aux feuilles. On trouve également partout la var. *Capra* Ol., mais elle est plus rare.

Dorcus Mac. — L.

D. parallelipipedus L. — Très commun partout, toute l'année, dans les vieux bois, les vieilles souches. Au mois de septembre, il a été trouvé par légions, à la scierie de Mont-d'Arnaud, sous des débris de bois ou de planches, reposant sur de la vieille sciure humide (J. Deseilligny et Abbé Rousselot).

Platycerus Geoff.

P. caraboïdes L. (*cribatus* M-R). — Assez commun l'été, dans les vieilles souches de hêtre et de sapin, dans les montagnes. Il faut attaquer la souche assez profondément pour le trouver. Autun, bois d'Antully. Digoin, sur un chêne (Pierre). Anost et Marmagne (Marchal). Il est rare dans les autres parties du département (Abbé Viturat).

Sinodendron Helw.

S. cylindricum L. — Assez rare ; dans les parties mortes ou cariées des hêtres et principalement des frênes.

8e TRIBU. — SERRICORNES.

1re FAMILLE BUPRESTIDÆ.

Les insectes de cette famille se distinguent, tout d'abord, par l'éclat, la beauté et la variété de leurs couleurs. Aussi, Geoffroy les avaients-ils appelés *Richards*. Malheureusement, les *Buprestes* aiment les pays chauds ; plus on s'avance dans le midi, plus ils sont nombreux, plus leur taille est grande, plus leurs couleurs sont vives. Si, au contraire, on remonte vers le nord, ils deviennent de plus en plus rares, leur taille se rapetisse de plus en plus et leur livrée devient des plus sombres. Notre département, relativement froid, ne nourrit que quelques espèces.

Acmæodera Esch.

A. tæniata F. — Digoin, Semur, sur les ombellifères, au mois de juillet (C). (Abbé Viturat). St-Julien, assez commun sur les fleurs (Pierre). Digoin! (Frère Augustalis). Autun, Bois de Montjeu, en battant des chênes, en juillet (R).

Ptosima Sol.

P. 11.-maculata Herbst. — Sur des chênes, au bois de Montjeu! en juillet (R) (Abbé Lacatte). Chalon, pas rare sur les prunelliers (Peragallo). St-Marcel, un exemplaire trouvé dans un jardin (L. Letort). St-Julien, pris au vol, au mois de juin (Pierre).

Capnodis Esch.

C. tenebrionis L. — Le Creusot, un sujet trouvé sous une pierre, en avril (RR). Il a été capturé à la même époque aux environs de Buxy, sous une pierre (Quincy).

Lampra Spin.

L. rutilans F. — Chalon, pas rare contre les troncs de tilleuls (Peragallo). Paray-le-Monial, au mois de juillet, sur des bois (Abbé Viturat).

Trachys F.

T. minuta L. — Assez commun sur les saules et les chênes, au printemps. Autun, Mâcon, Le Creusot, Digoin.

T. pygmæa F. — St-Julien, trouvé en grand nombre au mois de mai, sur des mauves en fleurs (Pierre).

Coræbus Cast.

C. undatus F. — Autun (RR). Collection de M. l'abbé Lacatte. St-Julien (Sandre).

C. amethystinus Ol. — Autun (RR). Collection de M. l'abbé Lacatte.

Chrysobothrys Esch.

C. affinis F. — Se rencontre l'été sur des chênes, travaillés surtout; difficile à prendre au soleil, vole très vite; le plus sûr moyen de le saisir, est de lui poser lentement la main dessus à plat, en se mettant par côté ou par derrière et non en face de l'insecte, en s'enveloppant la main d'un mouchoir, on est plus sûr de ne pas l'échapper, car il glisse souvent entre les doigts. La Creuse d'Auxy, en juillet, sur des chênes ouvrés (R). Route de Gueunan! près Autun (Decæne). Montjeu (Abbé Lacatte). Digoin (Abbé Viturat). St-Julien, sur un chêne, en mai (Pierre).

C. chrysostigma L. — Autun (AR). Collection de M. Lacatte.

Anthaxia Esch.

A. salicis F. — Sur des saules au mois de juin (R). Autun. St-Julien, sur des barrières de prés, faites en bois de sapin, mois d'avril (Pierre).

A. sepulchralis F. — Semur, Digoin, sur sapins et orties (Abbé Viturat).

A. nitida Ross. — Assez commun en battant les haies au parapluie, l'été. Très commun sur les églantiers, à St-Marcel et aux environs de Chalon (Peragallo).

A. manca F. — Chalon, pas rare sur les haies (Peragallo).

A. nitidula L. — Assez rare, l'été, sur les haies, les roses sauvages, les ronces, les jeunes pousses de chênes. Autun. Le Creusot, sur les fleurs d'aubépine, de pissenlit (R). St-Julien, sur fleurs de roses, au mois de juin (Pierre).

A. cichorii Ol. — Mâcon (Guérin); sur fleurs de carotte et d'Achillea millefolium.

A. morio F. — Autun (RR). Un seul exemplaire.

A. umbellatorum F. *(inculta)* Germ. — St-Julien, sur barrières en bois de sapin, au printemps (Pierre).

A. semicuprea Küst. — Digoin! (Frère Augustalis).

Agrilus Sol.

A. biguttatus F. — Autun (R), sur les jeunes pousses de chênes, dans les coupes. Collection de M. Lacatte. St-Julien (R). Le Creusot, sur le tronc d'un vieux chêne, en juin (RR).

A. sinuatus Ol. — Sur fleurs de poiriers, néfliers, aubépines. Autun (R). (Abbé Lacatte). Digoin! (Frère Augustalis).

A. viridis L. — Sur charme, hêtre, tremble, bouleau et feuilles de poiriers en espaliers, au mois de juillet. Autun (AR). C'est un insecte nuisible aux poiriers. Le Creusot, commun sur les jeunes chênes.

A. angustulus Illig. — Le Creusot, collection Cartier.

A. cæruleus Rossi. — Assez commun sur les feuilles et fleurs de ronces, sur le bouleau, le hêtre, le chêne, au mois de juillet. La Croix-Blanchot! près Marmagne. Broyes, Le Creusot (R).

A. laticornis Illig. — Sur le saule Marceau (AC).

A. betuleti Ratz. — St-Julien (C), (Pierre).

A. olivicolor Ksw. — Sur le charme, l'érable, le prunellier; assez commun l'été.

A. 6-guttatus Hersbt. — Sur les peupliers, Autun (R) : collection de M. Lacatte.

A. derasofasciatus Lcd. — Sur la vigne (AR); sous les écorces de châtaignier, Le Creusot.

A. artemisiæ Bris. — Sur l'Armoise (R).

Aphanisticus Latr.

A. emarginatus F. — Assez commun au printemps, sur les joncs qui croissent dans les fossés humides des bords des routes : clairières des bois. Autun, bois de la Feuillée. Le Creusot, sur les joncs (R)?

A. pusillus Ol. — Le Creusot, sur des plantes aquatiques, au mois de juin.

2e FAMILLE THROSCIDÆ.

Drapetes Retd.

D. mordelloïdes Host. — Cluny, très rare (Cl. Rey).

2e FAMILLE EUCNEMIDÆ.

Cerophytum Latr.

C. elateroïdes Latr. — Digoin (R), (Abbé Viturat).

Melasis Ol.

M. buprestoïdes L. — Pris le plus souvent sur les vieux bois, quelquefois au vol, à Semur, St-Didier-en-Brionnais, Autun; rare partout et surtout à Autun. (Abbé Viturat).

4e FAMILLE ELATERIDÆ.

Les *Elatérides* sont herbivores et se tiennent, en général, sur les feuilles, les fleurs, parfois sous les écorces. Les larves de quelques *Agriotes (Agr. Segetis)*, dévorent les racines des céréales, les légumes des jardins. La larve du *Lacon murinus* dévaste les racines des arbustes et des arbres à fruits.

Lacon Cast.

L. murinus L. — Très commun sur les plantes des prairies, sur différents arbres et arbustes. Juin, juillet. Le Creusot, parfois sous les bouses. Autun.

Melanotus Esch.

M. brunnipes Germ. — Le Creusot, commun, l'été, sur les treilles.

M. castanipes Payk. — Autun, collection de M. Lacatte. Mâcon (Guérin), Le Creusot.

M. crassicollis Er. — Le Creusot (RR).

Elater L.

E. nigerrimus Lacd. — Le Creusot, sous des écorces de

châtaigniers, en hiver (R). Autun, (Collection de M. l'abbé Lacatte).

E. sanguineus L. — Toute l'année, dans le chêne, le saule (AR). Autun, St-Prix ! Chalon, sur les saules, dans les prés (Peragallo). Le Creusot, dans le creux d'un saule (R). Digoin, St-Julien, au parapluie et sous les écorces de saules (Pierre).

E. pomorum Geoff. — Mâcon ! (Guérin). L'*Elater ferrugatus* Lacd., est une espèce parfaitement distincte du *pomorum*.

E. crocatus Geoff. — L'été, sur les saules et sous leurs écorces, l'hiver (AC). Autun. Le Creusot (R).

E. sanguinolentus Schr. — Même habitat. Le Creusot (R).

E. cinnabarinus Esch. — Digoin ! (Frère Augustalis).

E. balteatus L. — En battant les haies, l'été. Au parapluie, sur les saules. Autun, peu commun. Le Creusot. St-Julien, sur des buissons, au mois de juin.

E. elongatulus F. — Le Creusot (R). St-Julien. Autun. (Collection de M. Lacatte).

E. erythrogonus Müll. — Digoin (Abbé Viturat).

E. pallidus Redt. *(ruficeps* Muls). — (RR.) En mars, sous l'écorce d'un châtaignier, près Montcenis (Marchal).

Megapenthes Ksw.

M. tibialis Lacd. — Autun; (Collection de M. l'abbé Lacatte).

Cryptohypnus Esch.

C. 4-guttatus Cast. — Très commun, en juin, juillet, sur le bord des ruisseaux, des rivières; souvent dans les lieux arides, sous les feuilles de vipérine (Marchal). Bords du Mesvrin, à Marmagne ! Bords de la Loire, à Digoin (Pierre).

C. rivularius Gyll. — Autun, collection de M. l'abbé Lacatte.

C. 4-pustulatus F. — Id. id. id.

C. minutissimus Ger. — Très commun en juillet, août, sur les genêts, dans les montagnes du Morvan. Anost, Cussy ! Roussillon ! Le Creusot, sous les feuilles de vipérine. St-Maurice-lès-Couches, dans les lierres des arbres.

C. pulchellus L. — Autun, sur les bords de l'Arroux, dans les détritus d'inondations, au printemps (R).

Limonius Esch.

L. æruginosus Ol. — Le Creusot, commun l'été, sur les fleurs d'yèble.

L. pilosus Leske. — Le Creusot (AC). Mesvres ! en fauchant dans les prés et les bois. Mâcon (Guérin). Digoin ! (Frère Augustalis).

L. minutus L. — Mâcon (Guérin). Autun (AR).

L. parvulus Panz. — Le Creusot (R), en fauchant dans les jeunes taillis des bois.

L. lythrodes Germ. — Autun, rare.

Cardiophorus Esch.

C. thoracicus F. — Digoin ! (Frère Augustalis). Mâcon. St-Julien, sous écorces de chênes, en avril. Autun, La Grande-Verrière ! dans des chênes vermoulus, l'hiver.

C. equiseti Herbst. — St-Julien, en fauchant sur les herbes d'un pré (Pierre).

C. rufipes Fourc. — Autun (R). Le Creusot, abondant en janvier et février 1882, sous la mousse attachée aux parois d'une carrière ; ils y étaient éclos pendant l'hiver, car on retrouvait dans cette mousse les débris des nymphes (Marchal).

C. vestigialis Er. — Le Creusot. Autun (AR).

Pheletes Ksw.

P. æneoniger de G. — L'été, en battant les haies au parapluie (AC). Les Rivières ! Champ-Chanou ! près Autun.

Sericosomus Steph.

S. brunneus Ksw. — (R) : Autun, en juin et juillet, en battant les haies.

Dolopius Esch.

D. marginatus L. — Au filet, dans les prairies, l'été : en fauchant sur les lisières des bois. Bois de Montjeu ! de Gueunan ! près Autun (CC). Le Creusot (C).

Adrastus Esch.

A. limbatus F. — Autun (AC); collection de M. Lacatte. Le Creusot (C), sur les buissons et les arbres des forêts.

A. pallens F. — Clairières des forêts, au parapluie (AC). Marmagne, Autun, Le Creusot.

A. nanus Herbst. — Assez commun, en juillet, août, sur les haies, les buissons, les arbres des forêts. Le Creusot; Autun, dans les prés qui bordent l'Arroux.

A. humilis Er. — Le Creusot. Autun. Mâcon (C).

Metopius Desbr.

M. picipennis Bach. — Autun (AR). Digoin ! (Frère Augustalis).

Agriotes Er.

A. sordidus Illig. — Le Creusot, peu commun. Mâcon.

A. obscurus L. — Le Creusot, sur le sol et surtout pendant le jour, caché sous les pierres (C). Autun, route de la Feuillée, dans les terres cultivées. Mâcon.

A. segetis Gyll. — Le Creusot, dans les prés humides, en avril et mai (C). Autun, collection de M. Lacatte; Mâcon (Guérin).

A. sobrinus Ksw. — (AC) : Autun. Le Creusot. Digoin ! (Frère Augustalis).

A. lineatus L. — Mâcon (Guérin). Le Creusot. Autun.

A. gallicus Lacd. — Autun, dans les prés des bords de l'Arroux, peu rare. Le Creusot, commun dans les bois. St-Julien, très commun dans les bois de chênes (Pierre).

A. sputator L. — Commun en juin, juillet, dans les champs de blés, sur les ombellifères. Autun, le Creusot, Mâcon. Digoin ! (Frère Augustalis).

A. ustulatus Schall. — Autun (C). Le Creusot, sur les fleurs d'ombellifères (C). Mâcon.

A. pilosellus Schn. — Le Creusot. Autun (C), dans les bois de Montchauvoise ! de Montjeu ! Drousson ! en juillet. Digoin ! (Frère Augustalis).

A. aterrimus L. — St-Prix ! l'hiver, dans une branche sèche de chêne (R). Le Creusot (R). La larve est très nuisible aux chênes et aux pins, et c'est sur ces arbres que l'on trouve généralement l'insecte parfait, au printemps.

Ctenonychus Steph.

C. filiformis F. — Assez commun en juin, juillet, sur les haies. Autun. Le Creusot (R). Mâcon. St-Julien, commun au mois de mai, sur les haies. Digoin ! (Frère Augustalis).

Ludius Latr.

L. ferrugineus L. — Sur les grandes ombellifères, en juin, juillet (R). Autun, Mâcon, Digoin, Semur (Abbé Viturat); St-Julien-de-Civry (Pierre), au vol, au mois de juillet. — La var. *occitanicus* Vill. a été trouvée à Issy-l'Évêque, par M. Decœne.

Corymbites Latr.

C. bipustulatus L. — Autun (R). Collection de M. Lacatte.

C. purpureus Poda. — Assez commun au printemps, sur les genêts en fleurs. Montagnes des environs d'Autun. Mâcon. Le Creusot (R); parfois sur les chardons. St-Julien (R), dans un jardin, sur des fleurs, au mois de juin (Pierre).

C. castaneus L. — Autun (AR); collection de M. Lacatte.

C. nigricornis Panz. — Pas rare sur les jeunes chênes, dans les bois des environs de Chalon (Peragallo). Le Creusot.

C. Sjælandicus Müll. — Assez commun au mois de juin, dans

les prairies des bords de l'Arroux, à Autun. St-Julien. Le Creusot (CC). Digoin ! (Frère Augustalis).

C. cupreus var. *æruginosus* F. — Assez commun à Autun, avec le précédent.

C. latus F. — Assez commnn en juin et juillet. Au filet, dans les prairies. Autun. St-Julien (C). Le Creusot, commun, l'été, au sommet des graminées, dans les blés; insecte très nuisible. Digoin ! (Frère Augustalis).

C. tesselatus L. — Chalon, assez commun l'été, dans les forêts de jeunes chênes (Peragallo). Autun, très commun dans les prairies des bords l'Arroux. Le Creusot, St-Julien, commun dans les champs.

C. cinctus Payk. — Buxy (Pierre) (R).

Athoüs Esch.

A. rufus de G. — Issy-l'Évêque (Decœne).

A. rhombeus Ol. — En battant des chênes au parapluie, mois de juillet (AR). Autun, La Chapelle-sous-Uchon ! Mâcon.

A. hæmorroïdalis F. — Commun l'été, sur les haies et les jeunes chênes. Autun. Le Creusot (C). St-Julien, sur les haies. Mâcon.

A. vittatus F. — En battant au parapluie les taillis dans les bois, juin, juillet (C). Autun. Le Creusot, très commun dans les bois. St-Julien, sur les haies.

A. niger L. — Mâcon (Guérin). Le Creusot (R). St-Julien. Digoin ! (Frère Augustalis).

A. longicollis Ol. — Le Creusot (C), vit sur les graminées. Autun (CC).

A. difformis Lacd. — Autun. Collection de M. Lacatte.

A. subfusus Müll. — Autun (R). Mâcon (R). Le Creusot (R), en battant des haies au parapluie.

A. tomentosus Mls. — Mâcon (Guérin).

A. emaciatus Cand. — (RR). Marmagne ! en battant des taillis, sur la lisière des bois. Juillet.

A. pallens Mls. — St-Julien-de-Civry, (Pierre).

Lepturoïdes Herbst.

L. linearis L. — Assez commun en juin et juillet, sur les feuilles et fleurs de l'aubépine, dans les montagnes, sur les arbrisseaux des bords de l'Arroux, à Laizy. Bois de Chantal, près Autun. Dans les clairières des bois à Marmagne! Mont-d'Arnaud! (J. Deseilligny). Saint-Julien-de-Civry (Pierre).

9e TRIBU. — MOLLIPENNES.

Cette tribu renferme des coléoptères, dont les téguments, ainsi que leur nom l'indique, sont en général minces et flexibles. Leur taille est médiocre ou petite, et on les trouve le plus souvent sur les fleurs et les feuilles. Les femelles de certains genres sont aptères et fort rares.

1re FAMILLE CYPHONIDÆ.

Dascillus Latr.

D. cervinus L. — En battant les jeunes arbres et les buissons, sur les ombellifères, dans les prairies, surtout dans les montagnes. Mâcon (Guérin).

Elodes Latr.

E. minuta L. — En battant au parapluie les plantes et abustes des bords des rivières, juin, juillet (AC). Autun, bords de l'étang de Chantal! Le Creusot (C).

E. marginata F. — Sur les plantes, dans les prairies humides, juin, juillet (R).

Microcara Thoms.

M. testacea L. — Mai à juillet, en fauchant dans les prés humides et marécageux ; en battant les arbres, les saules, surtout dans le voisinage des marais (R).

Cyphon Payk.

C. coarctatus Payk. (*elongatus* Tourn. *Barnevillei* Tourn. *Künckeli* Muls). — En fauchant l'été, autour des mares et des cours d'eau ; rarement l'hiver, dans les mousses, au pied des arbres. Autun (AR) : dans les prairies humides des bords de l'étang de Chantal ! Le Creusot (C).

C. nitidulus Thoms. (*Paykülli* Guer. *grandis* Tourn.) — Même habitat (AR) : sur les herbes et arbrisseaux, le long des cours d'eau, l'été.

C. pallidulus Bohem. (*suturalis* Tourn.) — En fauchant sur les plantes ou en battant les arbres autour des mares (R). Cluny, Tournus (Cl. Rey).

C. padi L. — Au printemps, sous détritus végétaux, sous plantes aquatiques, au bord des mares et des étangs, quelquefois l'hiver, sous les mousses. — Peu commun.

C. variabilis Thunb. (*lævipennis* Tourn.) — En fauchant sur les plantes, ou en battant les arbustes autour des mares, près des ruisseaux (AC). Mai, juin.

La var. *nigriceps* Ksw., est plus commun que le type.

Hydrocyphon Redt.

H. deflexicollis Müll. — Sur les herbes, les fleurs (Spirées principalent), les arbrisseaux qui bordent les cours d'eaux rapides des montagnes : souvent, par petites familles, sous les pierres immergées, juin à septembre. Commun au mois de juin, sous les pierres du bord du ruisseau de la Creuse d'Auxy, et de celui qui sort de la forêt de Montchauvoise ! A la face inférieure des pierres submergées, on trouve également la larve, allongée, lisse, d'un roux testacé en-dessus et d'un blanc jaunâtre en-dessous ; longueur 3^{mm}. —

L'Hydr. australis Guér., n'est pas synonyme de *deflexicollis*, c'est une espèce différente, rare en France.

Prinocyphon Redt.

P. serricornis Müll. — Lieux humides, sous les écorces, et le soir, sous les souches de vieux arbres; aussi en fauchant sur les herbes et en battant les arbrisseaux, Mai à août (R). Cluny (Cl. Rey).

Scirtes Illig.

S. hemisphæricus L. — Le Creusot, commun sur les plantes et buissons, dans les marais : le chasser au parapluie ou au filet, autant que possible à la rosée; difficile à saisir, à cause de ses sauts brusques. La mollesse de ses téguments exige qu'on le prenne avec précautions.

S. orbicularis Panz. — St-Julien-de-Civry ! (Pierre et Sandre).

2e FAMILLE DRILIDÆ.

D. flavescens Fourc. — En battant les haies au parapluie, en juin, juillet (AC). Autun, St-Julien.

La femelle qui vit dans la coquille de différents *Helix*, passe pour fort rare, et je ne sache pas qu'elle ait été trouvée dans le département. Je dois à l'obligeance de notre savant collègue, M. Rouget, de Dijon, la connaissance d'un moyen très simple pour se procurer cette rareté : au printemps, dès que le soleil commence à être chaud, on recueille, à la campagne, sous les haies, l'*Helix memoralis*, et dans les jardins, l'*Helix hortensis*. Au moyen d'un petit trou fait avec une aiguille, après le premier tour de spire, contre la bouche de la coquille, on voit de suite si elle est habitée par une larve : on met, sur un lit de mousse, dans un bocal ou dans une boîte, fermés avec de la mousseline tous les *Helix* habités, et quelques semaines après, on a des *Drilus* à l'état parfait, beaucoup de mâles et quelques femelles. M. Rouget a pu se procurer ainsi une centaine de femelles.

Pour l'*Helix hortensis*, inutile de le piquer ; comme il est assez transparent, ont voit de suite s'il y a une larve, en le regardant à la lumière. On trouve surtout, ces coquilles vides, en février ou mars, au pied des murs exposés au nord, sous haies vives et dans les endroits un peu humides.

3e FAMILLE LAMPYRIDÆ.

Lampyris Geoff.

L. noctiluca L. — Très commun dans les prairies et les jardins, sur le bord des routes, de juin à septembre. La femelle est aptère et a passée longtemps pour être seule lumineuse. On peut cependant voir sous l'abdomen de certains mâles, deux petits points blancs qui, vus de près, brillent légèrement dans l'obscurité, après les chaudes journées de l'été. Tous ceux que j'ai pris dans la soirée du 12 juillet 1885, présentaient ce caractère. On capture souvent le mâle en laissant le soir, une lampe allumée dans une chambre ouverte (Marchal). J'ai pris la larve au mois de septembre, à Anost, à minuit ; elle a de chaque côté de l'avant-dernier anneau de l'abdomen, deux préominences, lumineuses dans l'obscurité.

Phosphænus Cast.

P. hemipterus Fourcr. — Assez commun en juin et juillet, sous les pierres, sur les routes au soleil, sur les herbes et plantes basses. Les femelles sont très rares. Autun, Le Creusot, sur les herbes basses, en juin ; Mâcon !

4e FAMILLE OMALISIDÆ.

Lygistopterus Mls.

L. villosus de Geer. — Au mois de juillet, sur les ombellifères, dans les prés, sur les bords des ruisseaux et rivières (AC). M. l'abbé Lacatte a trouvé, en abondance, la larve sous des écorces de chênes, en mars et avril, et il a observé qu'elle recherchait le soleil, contrairement à l'habitude de toutes les autres larves. Nous avons obtenu l'insecte parfait avec la plus grande facilité.

Dictyopterus Latr.

D. sanguineus L. (*aurora* Herbst. *hybridus* Marsh). — Sur les fleurs, sur les haies, juin, juillet, plus rare que le précédent. Roussillon ! (Dr Gillot). St-Julien, sur un tronc de chêne, en juillet (Pierre). Le Creusot (R) : sur les plaies de chênes et les buissons.

Omalisus Geoff.

O. suturalis Ol. — Se prend un peu partout, l'été, sur les ombellifères, sur les feuilles et les troncs des arbres, sur les bois travaillés, sur des rochers exposés au soleil, dans les montagnes (AC). Autun. Le Creusot (R).

5e FAMILLE TELEPHORIDÆ.

Ancistronycha Mærk.

A. violaceas Payk. — Du 15 mai au 15 juillet, sur fleurs en ombelles, dans les bois montagneux ; je ne l'ai jamais trouvé en plaine, dans les environs d'Autun. Bois d'Antully ! des Feuillées ! (AC).

Podabrus Payk.

P. oralis Germ. (*lateralis* L., var. d'*Alpinus Payk.*) — Mâcon (Guérin) (RR). Digoin ! (Frère Augustalis), également très rare.

Telephorus Schæff.

T. fuscus L. — Mai et juin, très commun partout, sur les fleurs, sur les haies, sur les arbustes, dans les prairies.

T. rusticus Fall. — Même habitat. Aussi commun.

T. pulicarius F. — En juin, en battant les haies au parapluie. Autun (R). Le Creusot (R).

T. nigricans Illig. — Sur les ombellifères, au mois de juin, dans les montagnes (AC). Autun, Le Creusot.

T. lividus L. — Même habitat que le *Fuscus* et aussi commun partout.

On rencontre aussi souvent la var. *dispar* F. — Autun. Le Creusot. St-Julien, commun, sur les sapins, au mois de juin. Digoin ! (Frère Augustalis).

T. pellucidus F. — Le Creusot (R).

T. rufus Müll. — Sur les haies vives, sur les plantes des bords des chemins. Autun (C). Digoin ! (Frère Augustalis).

T. obscurus L. — Sur les buissons, les arbres, les fleurs en ombelles (C). Autun. Le Creusot.

T. bicolor Panz. — (RR).

T. fulvicollis F. — Autun (R). Le Creusot, très commun sur les joncs, particulièrement dans un espace limité au sud du Creusot, entre les fermes des *Epontots* et de *Perigas* (Marchal).

T. clypeatus Illig. — Assez commun, surtout sur les montagnes.

T. lateralis Schrk. — Mâcon ! (Guérin). Commun au mois de juin à Drevin, sur les plantes en fleurs (Marchal). St-Julien (Pierre).

Absidia Mls.

A. pilosa Payk. — Le Creusot, commun sur les buissons, les arbres et les plantes.

Rhagonycha Esch.

R. translucida Krin. — (R).

R. fuscicornis Ol. — Très commun au mois de juin, sur fleurs des prairies, haies, arbustes. Autun, Le Creusot, St-Julien. Digoin ! (Frère Augustalis).

R. melanura L. — Autun (AC). Le Creusot (CC). Il vient un peu plus tard que les autres espèces et on le trouve jusqu'en juillet. Mâcon, St-Julien, sur les peupliers, les blés, les ombellifères.

R. testacea L. — Sur les haies, sur les fleurs en ombelles. dans les bois principalement. Mai, juin. Autun (CC). St-Julien. Mâcon. Le Creusot, peu commun. Digoin ! (Frère Augustalis).

R. femoralis Brüll. — Autun (CC). Mâcon.

R. nigripes Redt. — Autun, assez commun.

R. pallida F. — Habite plutôt les montagnes, les clairières des bois, sur les chênes. Autun (AR). Le Creusot (AC). Mâcon. St-Julien, sur les haies, juin. Digoin ! (Frère Augustalis).

R. pallipes F. — Autun. Le Creusot, peu commun.

6e FAMILLE MALTHINIDÆ.

Malthinus Latr.

M. glabellus Ksw. — Le Creusot (Cartier).

M. fasciatus Ol. — Assez commun en juin et juillet, en battant les haies au parapluie. Le Creusot. Autun, au filet, sur les plantes des bords du ruisseau de la Creuse d'Auxy ! mois d'août. St-Julien ! (Sandre). Digoin ! (Frère Augustalis).

M. punctatus Fourcr. — Même habitat (AC).

M. rubricollis Baudi. — Mâcon (Guérin). Insecte de Corse, d'après le catalogue J. Weise.

Malthodes Ksw.

M. brevicollis Payk. (*atomus* Thoms). — Sur les haies, au mois de juillet (R).

M. minimus L. — Le Creusot, très commun sur les taillis, sur les haies, en mai, juin.

M. discollis Baudi. — (RR).

M. mysticus Ksw. — Sur les ombellifères, dans les prairies des montagnes (AR). Juin, juillet.

M. trifurcatus Ksw. — En battant, au mois de juin, les haies vives au parapluie (AC).

M. dispar Germ. var. *neglectus* Mls. (Le type est d'Italie et d'Allemagne). — Autun (R). Digoin ! (Frère Augustalis).

M. flavoguttatus Ksw. — Un seul mâle trouvé sur des ombellifères, au mois de juin (RR).

M. nigellus Ksw. — (R).

M. marginatus Latr. — Mâcon (Guérin), dans les prés des bords de la Saône.

M. debilis Mls. — Tournus (Cl. Rey).

7e FAMILLE MALACHIDÆ.

Malachius F.

M. marginellus Ol. — Sur les graminées, les blés en épis, en mai, juin (C). Autun, Mâcon, St-Julien, Le Creusot.

M. elegans Ol. — Autun, collection de M. Lacatte. Le Creusot.

M. cyanescens Mls. (*inornatus* Kust.) — Mâcon (Guérin).

Cet insecte doit être accidentel à Mâcon : le catalogue Stein lui assigne, comme patrie, le Tyrol, les Pyrénées.

M. parilis Er. — Sur les fleurs, dans les clairières des bois, au mois de mai, juin (C). Autun. Mâcon.

M. geniculatus Germ. — Assez commun sur les fleurs, les graminées. Autun, Le Creusot, St-Julien.

M. æneus L. — Même habitat. Autun (R). Le Creusot (R). Mâcon.

M. bipustulatus F. — Très commun au mois de juin, sur les haies, les ombellifères, les céréales. Autun, Le Creusot, Mâcon. Digoin ! (Frère Augustalis).

M. australis Mls. — (R). Pris au mois de juillet. Le Creusot (RR).

M. viridis F. — Sur les blés, les graminées, au mois de mai et juin. Autun (R). Le Creusot (R). Mâcon, St-Julien.

Axinotarsus Mots.

A. pulicarius F. — Très commun l'été, sur les graminées, dans les champs de blé. Autun, Mâcon. Le Creusot (R). Digoin ! (Frère Augustalis).

A. rubricollis Marsh. — Le Creusot, en juin, juillet, sur différentes plantes, sur la Bardane surtout.

A. *marginalis* Er. — Sur plantes basses, dans les bois, juin. Le Creusot (C). St-Julien, sur les fleurs, en mai, juin, juillet (Pierre et Sandre).

Anthocomus Er

A. fasciatus L. — Très commun au mois de juin, sur les fleurs, les blés en épis. Autun. St-Julien, sur arbrisseaux, juin, juillet. Mâcon. Le Creusot, sur arbres fruitiers en fleurs. Digoin ! (Frère Augustalis).

A. equestris F. — Autun, collection de M. Lacatte. Le Creusot, sur arbres fruitiers en fleurs (R). Mâcon.

Antholinus Mls.

A. lobatus Ol. — (RR).

Ebæus Er

E. thoracicus Ol. — Autun (RR). Le Creusot, sur la Bardane. Mâcon. St-Julien! (Sandre). Digoin! (Frère Augustalis).

Hyphebæus Ksw.

H, albifrons Ol. — En juin, juillet, sur les pousses d'un vieux châtaignier. Le Creusot (Marchal).

H. *flavipes* F. — Le Creusot, avec le précédent.

Charopus Er.

C. pallipes Ol. — Sur les plantes, en mai, juin. Le Creusot, peu commun. Autun (R).

C. flavipes Payk. — Le Creusot et St-Maurice-lès-Couches (Marchal).

Troglops Er.

T. albicans L. — St-Julien (R).

8e FAMILLE DASYTIDÆ.

Enicopus Steph.

E. hirtus L. — Très commun en juillet, sur les graminées, les céréales. Autun. Le Creusot.

Dasytes Payk.

D. subæneus Sch. (*scaber* Sulz.) — Le Creusot, commun en juin, sur les herbes, dans les endroits secs. Mâcon! (Guérin).

D. niger L. — Sur les graminées, au printemps (AC). Autun, Le Creusot. St-Julien, commun, l'été, sur les fleurs.

D. cæruleus F. — Très commun sur les graminées, surtout

dans les montagnes : juin. Autun. Le Creusot, sur les fleurs.

D. 4.-maculatus Ol. — Autun, collection de M. Lacatte.

D. fusculus Illig. — (R).

D. griseus Küst. — Autun. Le Creusot, commun en juin, à Drevin.

D. coxalis Mls. — Autun (R). Le Creusot, commun sur plantes et fleurs.

D. plumbeus Fourcr. — Autun, collection de M. Lacatte.

D. flavipes F. — Mâcon (Guérin).

Psilothrix Redt.

P. nobilis Illig. — Le Creusot, commun au printemps, sur les fleurs. Autun, collection de M. Lacatte. Mâcon, St-Julien, sur les fleurs, en été (C).

Dolichosoma Steph.

D. lineare F. — Le Creusot, sur les fleurs, au printemps, sur les ombellifères surtout (C). St-Julien, sur fleurs, dans les montagnes (RR).

Aplocnemis Steph.

A. pini. Redt. — (R). Autun. Digoin ! (Frère Augustalis).

A. tarsalis Sahlb, — Mâcon (Guérin).

A. ahenus Ksw. — En fauchant sur les herbes, au mois de juillet (AR).

A. æstivus Ksw. — (AR).

A. basalis Küst. — Autun, rare.

Danacæa Cast.

D. longiceps Mls. — En juin, juillet, en battant les haies au parapluie (R). Autun. Mâcon.

D. pallipes Panz. — L'espèce la plus commune du genre : on la trouve partout, en juin et juillet, en battant les haies, arbres et arbustes.

D. montivaga Mls. — Même habitat. (R).

10e TRIBU. — TEREDILES.

1re FAMILLE LIMEXYLONIDÆ.

Hylæcetus Latr.

H. dermestoïdes L. — Scierie de Mont-d'Arnaud! sous des écorces de chênes, de pins, au mois d'avril (R). J. Deseilligny et abbé Rousselot). Autun, Fontaine Pouillouse, un seul exemplaire, sous écorces de hêtres morts (Abbé Viturat).

Limexylon F.

L. navale L. — J'ai pris un certain nombre de ces coléoptères, sous des écorces de hêtres morts, à Fontaine-Pouillouse, près Autun, les premiers jours de juin. L'insecte parfait doit se trouver fin juin, parce qu'alors, je trouvais plus de larves que d'insectes (Abbé Viturat). Sa larve cause de grands ravages dans les bois de chêne des arsenaux maritimes, d'où son nom de *navale*.

2e FAMILLE CLERIDÆ.

Opilus Latr.

O. mollis L. — Autun, collection de M. Lacatte. C'est un insecte utile, car sa larve détruit celles des *Xylopertha sinuata*, *Anobium molle*, *Tomicus bidens* et *laricis*, et autres *xylophages* (Perris).

O. cruciger Fourcr. — Sa larve fait la guerre à celles des *Anobium*. Digoin (AR) (Abbé Viturat). Le Creusot (RR), sous l'écorce de peupliers malades ou morts. On l'a trouvé dans de vieux paniers d'osier, avec *Leptidea brevipennis* et *Gracilia pygmæa*.

O. pallidus Ol. — (R). Autun, sous écorces de platanes, l'hiver, Orney !

Tarsostenus Spin.

T. univittatus Rossi. — Le Creusot, rare.

Tillus Ol.

T. elongatus L. — Autun, collection de M. Lacatte.

T. unifasciatus L. — En battant des buissons au bord des vignes, mois de mai et juin (AC). Paris-l'Hôpital ! Cheilly ! Commun à Chalon, sur les églantiers (Peragallo). Le Creusot, sur les pins, en mai (R). Digoin.

Allonyx du V.

A. 4-maculatus F. — Le Creusot, sur de vieux troncs de pins ; dans une maison, au mois de juillet (R).

Thanasimus Latr.

T. formicarius L. — Insecte très utile, dont la larve dévore celles des *xilophages*, sous les écorces. Il n'est pas rare au printemps, sous les écorces de pins employés à faire des clôtures à la campagne. Autun, Mâcon. St-Julien, sur des souches de pins (C). Le Creusot, commun en mai, sur le tronc des pins : il est d'une extrême agilité ; au moindre danger, il s'envole ou se cache dans les interstices de l'écorce (Marchal).

Trichodes Herbst.

T. alvearius L. — Très commun sur les ombellifères en mai

et juin. Sa larve vit dans les nids des abeilles maçonnes. On le trouve partout.

T. apiarius L. — Aussi commun que le précédent. Même habitat. Sa larve ou ver rouge, se trouve dans les ruches de l'abeille domestique et serait un ennemi de ces *Hyménoptères*. D'après M. Hamet, le ver rouge ne touche pas aux produits des ruches saines, ni aux larves vivantes. Il glisse son cocon entre les parois et les gâteaux et dans les rayons gâtés par l'humidité, ainsi qu'au milieu des cadavres d'abeilles amoncelés et en putréfaction. Il vit de miel altéré et non de miel sain et de diverses matières animales en décomposition, en particulier de débris d'abeilles et de larves, peut-être de leurs excréments. J'ai trouvé un exemplaire de cette espèce, chez lequel la première bande *elytrale* manque complétement.

Corynetes Herbst.

C. cæruleus de G. — Sur des matières animales desséchées, sur les fleurs, les vieux troncs d'arbres et souvent dans les vieux bois des maisons (CC). Juin, juillet. Autun, St-Julien, Le Creusot. Digoin ! (Frère Augustalis).

Necrobria Latr.

N. rufipes F. — Mâcon (Guérin). Le Creusot.

N. violacea L. — Sur les substances animales desséchées et et en décomposition, sur les fleurs et souvent dans les maisons, sur des bois de chauffage : très commun partout.

N. ruficollis Ol. — Sous des écorces de platane, l'hiver. (AR). St-Julien, sur des os desséchés, en septembre. Le Creusot (R). Cet insecte présente un intérêt touchant, en ce qu'il sauva la vie au célèbre entomologiste Latreille, en 1792.

3e FAMILLE PTINIDÆ.

Ptinomorphus Mls.

P. imperialis L. — Se trouve assez fréquemment en battant au printemps les haies d'aubépine; il se rencontre quelquefois dans les maisons. Autun. St-Julien, sur les fleurs.

Ptinus L.

P. dubius Sturm. — Sous des écorces au mois de décembre (AR).

P. fur L. — Le fléau des collections d'histoire naturelle, trop commun dans les maisons, les granges, les greniers, poulaillers. Autun, Le Creusot, St-Julien.

P. latro F. — Aussi nuisible que le précédent et malheureusement aussi répandu partout

P. rufipes F. — Assez commun l'hiver sous les écorces. Autun, collection de M. Lacatte. Mâcon. Le Creusot. St-Julien (Sandre).

P. testaceus Ol. — Autun, collection de M. Lacatte. Mâcon (Guérin).

P. raptor Sturm. — Sous écorces de platanes, l'hiver (R).

P. bidens Ol. (*quercus* Ksw.). — Mâcon, collection Guérin. Autun, sous des écorces de châtaigniers, l'hiver (R). Bois des Revirets ! très commun l'hiver et au printemps sous les *lichens* des châtaigniers : le mâle, qui est plus petit, est beaucoup plus commun que la femelle.

P. brunneus Duft. — Mâcon (Guérin). Autun, bois des Revirets ! mois de mars, dans des châtaigners pourris.

P. 6-punctulatus Panz. — Mâcon (Guérin).

P. variegatus Rosh. — Mâcon (Guérin). Le Creusot, dans les haies (C).

P. subpilosus Sturm. — Sous écorces de platanes, l'hiver, route de Gueunan ! (R).

M. André a découvert aux environs de Beaune l'habitat

très remarquable du *Ptinus Aubei*, qui n'a pas encore été trouvé dans le département, mais que l'on rencontrera très probablement, quand on saura où le chercher. Ayant recueilli le 18 octobre des galles de chênes tombées à terre et presque pourries, M. André trouva en les ouvrant, le *Pt. Aubei*; dans plusieurs galles, il découvrit la larve et la nymphe de cette espèce, qui ne tardèrent pas à se métamorphoser (A. Rouget, Catal. des Coléopt. de la Côte-d'Or).

Gibbium Scop.

G. scotias F. — Se trouve quelquefois en nombre dans les parties vieilles des maisons, dans les vases et cuvettes remplis d'eau et placés dans les endroits obscurs, sous des planches de chênes vermoulues (AR).

4e FAMILLE ANOBIDÆ.

Priobium Mots.

P. castaneum F. — Un exemplaire trouvé sous des écorces d'arbres morts (R).

Dryophilus Chevl

D. pusillus Gyll. — Le Creusot, dans les vieux bois, les vieux fagots, sous les écorces (R). Autun, en battant de vieux sapins, couverts de *lichens*, au mois de juillet (R).

D. anobioïdes Chev. — Le Creusot, commun, l'été, à Torcy, sur des branches de mélèzes, couverts de *lichens*.

Xestobium Mots.

X. cærulescens Fourcr. — Le Creusot (R), sur du bois mort empilé.

X. rubiginosum Müll. — Assez commun sous les écorces de saules. Autun. Le Creusot, dans les vieux arbres, au mois de mai (R). Digoin ! (Frère Augustalis).

Anobium F.

A. fulvicorne Sturm. — Mâcon. (Guérin). Autun, rare.

A. pertinax L. — Cet insecte perfore nos meubles, les planchers, les lambris des maisons, en décelant sa présence par de petits tas de vermoulure pulvérulente. Autun (C). Le Creusot, dans les maisons, les greniers (C). St-Julien, dans de vieilles planches (CC).

A. domesticum Fourc. — Dans les vieux bois des maisons, sur le bois coupé, dans les forêts. (CC). Autun. Mâcon.

. paniceum L. — Trop commun toute l'année dans les herboristeries, les épiceries, où il se nourrit de racines sèches et de graines. J'ai vu une caisse renfermant 100 kilos de semences de Cumin, qui avaient été complétement mises en poussière par des *A. paniceum*, dont les larves rongeaient l'intérieur des semences. Il ravage les archives, les bibliothèques, les herbiers, dévore les pains azymes, les pains à cacheter, les biscuits. J'ai trouvé un exemplaire à couleur plus pâle et qui n'a guère que la moitié de la longueur ordinaire du *paniceum ;* c'est probablement l'*A. manum* Küst. (Kaf. Eur. XIX, 45), que von Kiesenwetter regarde comme une forme étiolée du *paniceum :* je n'en ai qu'un seul exemplaire.

Ernobius Thoms.

E. consimilis Mls. — Depuis quelques années, on trouve cet insecte en quantité dans les bourgeons de pins ou de sapins des pharmacies. La larve passe l'hiver dans le cœur des bourgeons ou dans les tiges, et l'insecte parfait paraît au printemps. Cet *Ernobius* est importé dans le département et ne doit se trouver que sur les hautes montagnes des Alpes, du Dauphiné, du Jura, où se récoltent les bourgeons de sapins pour la pharmacie. Je ne sache pas qu'il ait été trouvé ailleurs.

Oligomerus Redt.

O. brunneus Sturm. — Le Creusot.

Amphibolus Mls.

A. thoracicus Rossi. — Autun (R) (Abbé Cornu)??

Ptilinus Geoff.

P. pectinicornis L. — Vit dans le bois mort, qu'il perfore de petits trous ronds : assez commun dans les maisons et sur les haies, au mois de mai. Autun. Le Creusot (Cartier).

P. costatus Gyll. — Plus rare. Autun (Abbé Cornu).

Cittobium Mls.

C. hederæ Müll. — Sur les tiges mortes du lierre, dont le bois nourrit la larve (R). Autun (Abbé Cornu).

Ochina Latr.

O. Latreillei Bon. — Charolles. Buxy. St-Julien. Digoin! (Frère Augustalis), rare partout.

Pseudochina du V.

P. hæmorroïdalis Illig. — (RR).

Enneatoma Mls.

E. affinis Sturm. — Autun (R), dans les bolets ligneux et sur le bois mort, forêt de Chantal!

E. subalpina Bon. — Digoin! dans des *lycoperdons* au mois de novembre (Abbé Viturat), rare.

5e FAMILLE CISIDÆ.

Cis Latr.

Tous les *Cis* vivent dans les bolets ligneux des genres *Polyporus* et *Dædalea*, qu'ils finissent par réduire en poussière. Si quelquefois on en trouve sous des écorces, c'est qu'ils y étaient attirés par des champignons qui croissent sur les bois humides. On les trouve du commencement du printemps à l'hiver.

C. boleti Scop. — Très commun dans le *Polyporus versicolor*, dans les bolets ligneux des souches et des vieux arbres, dans les maisons et greniers à bois, du printemps à l'hiver. Autun, Mâcon, Le Creusot. Digoin !

C. hispidus Payk. — Sous des écorces de pommier sec, avec le *boleti*. Mai. Brion ! (C). Le Creusot.

C. setiger Mell. — Très commun toute l'année. Autun, St-Julien, Le Creusot.

C. nitidus Herbst. — (AC).

C. laminatus Mell. — Le Creusot (AC) ?? (insecte méridional).

C. glabratus Mell. — (R).

C. micans Herbst. — Le Creusot (C).

C. quadridens Mell. — Sous écorces de poiriers. Juillet. Brion ! (R). Le Creusot. St-Maurice-lès-Couches (Marchal). Les Revirets ! sous des écorces de vieux châtaigniers, l'hiver; assez rare.

Ennearthron Mell.

E. affine Gyll. — Autun, sous écorces et dans les bolets ligneux, sous les bois empilés. Forêt de Gueunan ! assez commun.

Octotemnus Mell.

O. glabriusculus Gyll. — Le Creusot. Autun (AC), dans des bolets ligneux, sur arbres fruitiers de mon jardin.

6e FAMILLE LYCTIDÆ.

Lyctus F

L. canaliculatus F. — Commun au mois de mai sur les barrières des prés. Autun, Ornez ! (Abbé Cornu). Le Creusot ! Mâcon. St-Julien.

6e FAMILLE BOSTRICHIDÆ.

Bostrichus Geoffr.

B. capucina L. — Je l'ai trouvé une seule fois, mais en en quantité, à Blanzy, au mois de juin, sur une pile de vieux bois de châtaignier, destiné au chauffage. Le Creusot. St-Julien, sur de vieux troncs d'arbres. La force incroyable de ses mandibules, permet, à cet insecte de perforer les métaux.

11e TRIBU. — DIVERSITARSES.

Cette tribu renferme des insectes de formes, de mœurs et d'aspects très différents. On pourrait les diviser en deux principaux groupes : les *Ténébrioniens* et les *Cantharidiens*, qui présentent des caractères différentiels assez tranchés. Ainsi, les insectes du second groupe ont la tête plus ou moins séparée du corselet ; la consistance de leurs téguments et principalement des élytres, est assez molle. Ils sont phytophages, vivent sur les fleurs et les feuilles, sont diurnes pour la plupart, et sont, par les chaudes journées d'été, très vifs et très agiles. Les *Ténébroniens*, au contraire, n'ont pas la tête rétrécie en forme de cou, leurs téguments sont durs, leur couleur est généralement la noire, rarement variée de taches ou de bandes et plus rarement encore métallique. Ils vivent de matières animales et végétales desséchées ou décomposées, d'excréments, de débris d'animaux, de cryptogames ; beaucoup d'espèces ne volent que le soir.

1re FAMILLE PIMELIDÆ.

Blaps F.

B. mortisaga L. — Dans les caves, les lieux sombres, humides, sous les pierres, les bois pourris, les tonneaux. Ils ne sortent que la nuit. Autun (AC), toute l'année. Le Creusot (RR). St-Julien, dans une cave au mois de juin.

B. similis Latr. — Même habitat, moins commun. Autun, Mâcon.

B. mucronata Latr. — (C).

Asida Latr.

A. rugosa Fourcr. — Insecte à démarche lente, assez commun l'été, dans les pays calcaires, sur les montagnes, dans les lieux secs et arides, sous les pierres, les détritus, les feuilles au pied des arbres. Paris-l'Hôpital ! Epinac ! Le Creusot (C). Mâcon. St-Julien, dans une carrière, sous des pierres.

2e FAMILLE OPATRIDÆ.

Microzoüm Redt.

M. tibiale F. — Cet insecte était commun au mois de mai 1885, sur la clôture du champ de courses au Creusot (Marchal).

Opatrum F.

O sabulosum L. — Le Creusot, commun sous les pierres, dans les lieux secs. Mâcon. St-Julien, commun partout, à terre.

Crypticus Latr.

C. quisquilius L. — Digoin ! (Frère Augustalis).

3ᵉ FAMILLE DIAPERIDÆ.

Heledona Latr.

E. agricola Herbst. — Commun au printemps, dans la mousse des arbres et sous les écorces de hêtre surtout. Le Creusot. Chissey ! dans le *Polyporus sulfureus*, au mois de juillet. Chaque trou creusé dans le champignon, ne renfermait que deux insectes et jamais moins, probablement le mâle et la femelle (Abbé Lacatte).

Diaperis Geoff.

D. boleti L. — Trouvé en grande quantité, sous l'écorce et dans le bois d'un chêne carié (AC). Le Creusot. Chissey ! dans des bolets, au mois de juillet (Abbé Lacatte).

Scaphidema Redt.

S. ænea Payk. — Sous écorces d'acacias, au printemps et à l'automne (AC). Le Creusot. Autun. Digoin ! (Frère Augustalis).

Platydema Cast.

P. Europæa Cast. — Pris plusieurs fois l'été, dans les lieux sablonneux, courant à terre. Les auteurs lui assignent pour habitat, les bolets et les écorces, où je ne l'ai pas encore trouvé (Marchal).

Pentaphyllus Latr.

P. ferrugineus Fourcr. — Dans les vieux chênes cariés. Le Creusot.

Uloma Cast.

U. culinaris L. — A été trouvé, par familles nombreuses, au mois de septembre, par MM. J. Deseilligny et Abbé Rousselot, à la scierie de Mont-d'Arnaud, dans la sciure humide, recouverte par de vieux bois (AR). St-Julien (Pierre).

U. Perroudi Mls. — J'ai eu longtemps dans mes cartons des *Uloma*, plus petits que le *Culinaris* et que j'étais loin de considérer comme une espèce différente, lorsque me tomba sous les yeux une note publiée dans les *Annales de la Société Entomologique* de France, par M. Thomson, sur les caractères distinctifs des *U. culinaris* et *Perroudi*. Voici ces caractères : l'*U. Perroudi* est de taille moins forte que le *Culinaris;* le labre est bidenté au lieu d'être simple : les angles antérieurs du corselet sont plus aigüs, plus pointus. La bordure de la base du corselet est interrompue devant l'écusson. Ajoutons à cela que le corselet est plus échancré en devant chez le *Perroudi* et que la bordure du sommet est interrompue au milieu, comme à la base. J'ai pu constater que mes petits exemplaires d'*Uloma* étaient des *Perroudi* Mls. On le trouve également sous les écorces mais il est beaucoup plus rare que le premier.

Tribolium Mac.-L.

T. confusum du V. — Le Creusot (Cartier) ; c'est un insecte que l'on trouve généralement dans les navires.

Palorus du V.

P. melinus Herbst. — Sous les écorces, dans les plaies de divers arbres (AC). Autun, Le Creusot.

Hypophlæus Helw.

H. fraxini Kugel. — (AR). Sous les écorces d'arbres morts ou malades.

H. pini Panz. — Autun, collection de M. Lacatte. Le Creusot.

H. bicolor Ol.— Sous écorces de chênes, toute l'année (AR). Autun, Le Creusot.

H. castaneus Schn. — St-Julien, sur des souches de pins, au mois d'avril, avec *Hylastes ater* (Pierre).

4e FAMILLE TENEBRIONIDÆ.

Tenebrio L.

T. molitor L. — Dans les boulangeries, le soir, les magasins de farines, les moulins. C'est un insecte nocturne, fort nuisible et dont on trouve souvent des débris dans le pain. Très commun partout.

T. obscurus F. — Dans les maisons, endroits obscurs (C). Autun. St-Julien, Le Creusot. La larve de ces deux espèces est très commune dans la vieille farine. Nommée ver de farine, elle sert d'appât pour certaines pêches et de nourriture à certains oiseaux.

5e FAMILLE HELOPIDÆ.

Helops F.

H. striatus Fourc. — Très commun toute l'année, au pied des arbres, sous la mousse et les écorces. Autun. Le Creusot, St-Julien.

H. lanipes L. — Même habitat que le précédent, et aussi commun.

6e FAMILLE CISTELIDÆ.

Omophlus Sol.

O. lepturoïdes F. — Sur les buissons, les arbustes, à la lisière des bois, dans les montagnes surtout (AR). Autun. forêts d'Antully! de Montchauvoise! de Planoise! Le Creusot (C). St-Julien, sur des fleurs de sureau, au mois de Juin. Anost (Marchal).

Cteniopus Sol.

C. sulfureus L. — Insecte très agile, qui se rencontre sur fleurs, le feuillage, en juin, juillet. Autun (AC). Mâcon. Le Creusot (R), sur fleurs de roses et de châtaigniers. Etang! La Chapelle-sous-Uchon! sur fleurs de *Gallium* et sur ombellifères.

Isomira Mls.

I. murina L. — Assez commun au mois de juin sur les ombellifères, dans les montagnes. Bois de Montjeu!

Eryx Steph.

E. niger de G. — Sur les haies, au mois de juillet. Peu commun. Autun. Le Creusot (R), sur des troncs de vieux chênes. St-Julien (Sandre).

E. lævis Küst. — Autun. Digoin (AR) (Abbé Viturat).

Cistela F.

C. ceramboïdes L. — Sur les arbres et les fleurs, dans les bois, l'été (AC). Autun, les Revirets! en battant des haies vives, en juin, juillet. St-Julien, sur une haie au mois de Juin.

Mycetochares Latr.

M. barbata Latr. — Dans les plaies des peupliers, sous les écorces des arbres; excessivement agile. Le Creusot (R). Autun, sur tilleuls et saules, de mai à juillet.

7e FAMILLE MELANDRIDÆ.

Tetratoma F.

T. fungorum F. — Dans les bolets ligneux, dans les vieux bois, sous les écorces (AR). Autun. Digoin! (Frère Augustalis).

Melandrya F.

M. caraboïdes L. — Dans de vieilles souches, sous des écorces, au printemps. (AR). Autun. Lucenay-l'Évêque! Marmagne, Le Creusot (Marchal). St-Julien, sur une haie, mois de mai.

Marolia Mls.

M. variegata Bosc. — Trouvé en nombre en avril, en battant sur un drap de vieilles rames à petits pois. L'hiver, sous des écorces de platanes; peu rare. Autun, les Revirets! sous des pierres au pied des châtaigniers, en mars. Ornez! en battant des haies sèches, en septembre et octobre. Le Creusot, dans la mousse recouvrant un tronc pourri de noisetier, en battant des haies mortes (AC). Anost, sur les haies mortes (Marchal).

Anisoxya Mls.

A. fuscula Illig. — (R).

Abdera Steph.

A. triguttata Gyll. — St-Maurice-lès-Couches, sur des fleurs de mauves *(malva laciniata)*, en septembre, dans un pré (Marchal).

Hallomenus Panz.

H. humeralis Panz. — Dans une souche de pin, pourrie, au milieu de productions cryptogamiques. Août, septembre. Le Creusot (R).

Orchesia Latr.

O. micans Panz. — Dans les cryptogames ligneux et dans les vieux bois pourris. Mâcon (Guérin), dans des bolets ligneux de vieux saules, sur les bords de la Saône.

8e FAMILLE RHIPIPHORIDÆ.

Rhipiphorus F.

R. paradoxus L. — Un exemplaire trouvé accidentellement sur une feuille de courge, le 20 septembre, à Digoin. (Abbé Viturat (RR). Cet insecte, assez commun dans l'Allier, paraît très rare dans Saône-et-Loire. On le trouve habituellement dans les nids de guêpes, en septembre ou octobre; je l'y ai cherché deux fois, mais sans résultat. J'avais employé le procédé facile indiqué par M. du Buysson : on bouche le matin, au point du jour, l'entrée du nid avec une motte de terre : on gratte la terre en-dessus, jusqu'à qu'on aperçoive les gâteaux, on verse de la benzine par petites quantités, et on attend que le silence complet règne dans la colonie. On défait le nid, on étend sur une nappe les gâteaux et même la terre du tour et du bas du nid, puis on cherche les *Rhipiphorus* en débouchant les cellules de cire, on y trouve l'insecte à l'état de larve, de nymphe et à l'état parfait. On peut trouver de ces derniers dans la terre quientourait le nid. Un autre procédé, employé par M. Rouget, de Dijon, est moins expéditif, mais il permet de recueillir les larves et les nymphes vivantes et de se procurer ainsi un plus grand nombre d'insectes parfaits. En plein jour, on fait, avec un bâton assez fort, un trou dans la terre de 4 à 5 cent. de profondeur, juste vers l'entrée du nid. Au moment où les guêpes veulent entrer ou sortir, on profite d'un léger temps d'arrêt qui se produit dans leur allure, pour les faire tomber dans le trou et les écraser en même temps. Deux heures suffisent pour détruire à peu près toute la colonie; on peut alors prendre le nid, l'emporter, et en plaçant les gâteaux dans une boîte appropriée, on peut obtenir l'éclosion de nymphes, celles des larves serait plus difficile.

9e FAMILLE MORDELLIDÆ.

Mordella L.

M. iriformis Fourc. — Sur les fleurs d'*Achillea millefolium*, sur les ombellifères, sur les vieux troncs d'arbres, quelquefois sur les écorces, en juin, juillet et août. Autun (C). Le Creusot, Mâcon, St-Julien.

M. aculeata L. — Très commun partout, l'été sur les fleurs d'ombellifères, surtout de juin à août.

Mordellistena Costa.

M. humeralis L. — Assez commun l'été, sur les fleurs. Autun, sur les fleurs, dans les bois qui bordent l'étang de Chantal! Le Creusot.

M. brunnea L. — Même habitat (C). Autun, Le Creusot.

M. abdominalis F. — Mâcon (Guérin).

M. pumila Gyll. — Digoin! (Frère Augustalis).

Anaspis Geoff.

A. frontalis L. — Assez commun l'éte, sur les fleurs d'ombellifères dans les bois. Autun, Mâcon, Le Creusot.

A. nigra Fourc. — Le Creusot (R), Mâcon.

A. ruficollis F. — Assez commun partout, sur les fleurs, en juillet. Autun. Mâcon! Digoin! St-Julien.

A. Geoffroyi Müll. — Mâcon (Guérin). Le Creusot. St-Julien, sur fleurs de colza, au mois de mai (Pierre).

A. flava L. — L'été, sur les fleurs, moins commun. Autun, Mâcon. Le Creusot, Digoin! (Frère Augustalis).

A. maculata Geoff. — Très commun. Autun, sur les ombellifères, dans les bois d'Auxy, de Drousson! Le Creusot.

Silaria Mls.

S. varians Mls. — (AR). L'été sur les fleurs.

10e FAMILLE SCRAPTIIDÆ

Scraptia Latr.

S. minuta Mls. — Sur les herbes, en fauchant, ou dans les détritus de vieux arbres, sous des écorces de tilleul (R). Mont-d'Arnaud (J. Deseilligny).

11e FAMILLE XYLOPHILIDÆ.

Euglenes Westw.

E. pygmæus de Geer. — Le Creusot, sous les écorces et surtout sur les pousses de vieux châtaigniers, et sur les branches de mélèzes couvertes de lichens : de mai à août (CC).

12e FAMILLE ANTHICIDÆ

Anthicus Payk.

A. formicoïdes Geoffr. — Sur des éclats de sapins dans un bois, mois de septembre (AR). Bois d'Ornez! près Autun. Le Creusot, sous l'écorce d'un hêtre en automne (R).

A. instabilis Schmt. — Bois de sapins des Revirets, en novembre (R). Saint-Maurice-les-Couches, sous les pierres et tas de foin, en septembre.

A. quisquilius Thoms. — Assez commun l'été dans le terreau des couches à melons et l'hiver sous les feuilles mortes. Autun. Le Creusot (R).

A. antherinus L. — Mâcon (AC). Le Creusot, pris plusieurs fois au vol au mois de juin. Saint-Maurice-les-Couches

(Marchal). Autun, assez commun presque toute l'année; l'été dans le terreau des couches et l'hiver sous détritus au pied d'arbres verts.

A. bifasciatus Rossi. — Sous détritus et feuilles mortes, en novembre (R).

Notoxus Geoff.

N. monoceros L. — Le Creusot, à terre, lieux sablonneux (R). Mâcon. Digoin! dans le sable sur les bords de la Loire, au mois de juin (Pierre et Frère Augustalis).

N. cornutus F. — Trouvé avec le précédent à Digoin, au mois de mai (Pierre).

N. brachypterus Fald. — Digoin! (Frère Augustalis).

13e FAMILLE MELOIDÆ

Meloë L.

Les Meloés paraissent au printemps ; ils aiment les terrains sablonneux et secs, riches en nids d'Hyménoptères. La larve du *M. variegatus*, qui vit sur les fleurs de sainfoin, s'accroche entre les anneaux de l'abdomen de l'abeille et la tourmente jusqu'à ce qu'elle ne puisse plus se relever. En général les larves des Méloïdes vivent en parasites dans les nids des Hyménoptères dont ils dévorent les œufs et les larves.

M. proscarabœus L. — Commun au printemps dans les champs arides. Autun, dans les prés de Margenne! Mâcon. Le Creusot. Digoin! (Frère Augustalis).

M. violaceus Marsh. — Au mois d'avril dans les prés, les sentiers, sur les routes (AC). Autun. Mâcon. Saint-Julien. Anost (Marchal).

M. brevicollis Panz. — (R). Anost (Marchal). Autun. Digoin! (Frère Augustalis).

M. cyaneus Gebl. — Mâcon (Guérin).

Il faut éviter avec soin de porter ses mains aux yeux ou à la bouche après avoir manié ces insectes qui secrètent, par les articulations, un liquide jaunâtre, à propriétés vésicantes très énergiques, dues probablement à la présence de la Cantharidine, présence constatée par Pavini dans plusieurs espèces de ce genre.

13e FAMILLE MYLABRIDÆ

Cerocoma Geoff.

C. Schæfferi L. — Sur les fleurs au printemps, sur ombellifères surtout. Le Creusot (RR).

14e FAMILLE CANTHARIDÆ

Cantharis Geoff.

C. vesicatoria L. — Par troupes, en mai et juin, sur les frênes, les lilas. On ne rencontre des cantharides dans une même localité que tous les quatre ou cinq ans, ce qui prouverait une très longue vie à l'état de larves ou de nymphes.

Dans notre pays elles paraissent plus rarement encore, car, dans l'espace de quinze années, je n'en ai vu que deux fois : l'une, sur des frênes qui bordent la route de Château-Chinon, à Roussillon; l'autre, dans mon jardin, sur un frêne pleureur. Les cantharides sont beaucoup plus communes dans le midi, où chaque année les gens de la campagne les récoltent, en secouant le matin, les frênes, sur un drap placé au pied de l'arbre; ils les asphyxient en les mettant dans un vase avec du vinaigre, les font sécher et les vendent dans les pharmacies. C'est la Cantharide officinale, très employée en médecine, qui doit ses propriétés vésicantes à la Cantharidine, isolée par Robiquet.

Dans la séance du 24 juin 1885, de la Société entomologique France, M. Beauregard a communiqué le résultat de ses recherches sur le mode de développement naturel de la Cantharide, mode encore ignoré jusqu'à ce jour. Il a pu se convaincre que les jeunes Cantharides vivent du miel de certains hyménoptères (*Colletes signata*, entre autres) et que les pseudo-chrysalides se développent en dehors des cellules de l'hyménoptère et non à l'intérieur de ces cellules : ce qui a lieu, du reste, pour les *Cerocoma*, dont elles ont la forme générale.

15e FAMILLE ZONITIDÆ

Sitaris Latr.

S. muralis Forst. — (AR). La larve vivant en parasite dans les nids de l'abeille maçonne, on trouve l'insecte parfait sur de vieux murs, à l'entrée de ces nids. Autun, sur le mur d'une maison, avenue de la Gare.

16e FAMILLE PYROCHROIDÆ

Pyrochroa Geoff.

P. satrapa Schrk. — Assez commun dans les environs d'Autun. Sur bois coupés, arbres abattus, sous les écorces et sur les haies, en juin et juillet. Autun, Ornez ! Montjeu ! Anost (Marchal). Mâcon. Saint-Julien, sur haies et buissons, en mai et juin (Pierre).

P. coccinea L. — Même habitat. Autun. Le Creusot.

17e FAMILLE LAGRIIDÆ

Lagria F.

L. hirta L. — Insecte très agile, que l'on trouve communément en juin, juillet, sur les haies vives, dans les bois, rarement sur les fleurs. Autun, dans tous ses environs, en juin et juillet. Mâcon. Le Creusot. Saint-Julien.

18e FAMILLE ŒDEMERIDÆ

Dryops F.

D. femorata F. — Un seul exemplaire trouvé sous des écorces, l'hiver, à Issy-l'Évêque, (RR), (Decœne). C'est une espèce nocturne qui se trouve surtout au mois de septembre, sur les fleurs du lierre qui pousse dans les bois.

Ischnomera Steph.

I. sanguinicollis F. — Sur des fleurs, au mois de juillet. Montjeu ! vers Autun (R) (Abbé Cornu).

I. cœrulea L. — Sur des fleurs, mois de juillet (RR). Autun, bois de Montjeu. Digoin ! (Frère Augustalis).

OEdemera Ol.

O. podagrariæ L. — Assez commun en juin et juillet sur les ombellifères. Autun. Le Creusot, sur plantes et taillis (C). Saint-Julien, sur fleurs, en juin (C). Digoin ! (Frère Augustalis).

O. flavipes F. — Sur fleurs, au mois de juin, dans les bois. Saint-Julien. Mâcon (Guérin).

O. simplex L. — (AC). Même habitat.

O. flavescens L. — (AC). Sur les fleurs, dans les bois, et en fauchant.

O. subulata Ol. — Commun sur ombellifères dans les montagnes.

O. cærulea L. — (AC). Autun. Digoin ! (Frère Augustalis).

Stenaxis Schmt.

S. lurida Marsh. — Sur des fleurs, au mois de juillet. Le Creusot. Mâcon. Saint-Julien. Digoin ! (Frère Augustalis).

19ᵉ FAMILLE MYCTERIDÆ

Mycterus Clair.

M. curculionoïdes Illig. — Se tient immobile sur diverses plantes, sur le chardon surtout, juin-juillet. Autun (AR). Le Creusot, commun sur les pins, surtout à l'époque de la floraison. Chauffailles, sur la Reine des Prés, au mois de juillet (Abbé Viturat). Saint-Julien, sur haies et buissons.

M. umbellatorum F. — Autun (Collection de M. Lacatte).

20ᵉ FAMILLE SALPINGIDÆ

Lissodema Curt.

L. denticollis Gyll. — Autun (R). Le Creusot (RR), en battant les haies mortes.

Salpingus Gyll.

S. Reyi Ab. — (RR). Sous des écorces de platanes en vie, l'hiver; route de Gueunan !

S. castaneus Panz. — (R). Sous écorces de différents arbres vivants, l'hiver.

Rhinosimus Latr.

R. planirostris F. — Commun l'hiver, de décembre à mai, sous les écorces de platanes et de sycomores vivants. Autun. Marmagne, sous écorces de sycomores (Marchal). Le Creusot, sur troncs et dans les plaies d'acacias.

R. æneus Ol. — Mâcon (Guérin). Autun, sous écorces de platanes, en décembre, à Rivault!

R. ruficollis L. — (R). Sous des écorces, l'hiver. Autun. Anost (Marchal).

R. viridipennis Latr. — Autun (AR). Le Creusot (RR), en battant les haies mortes. Anost (CC) (Marchal).

12e TRIBU — SEMINIVORES

Les insectes de cette tribu, les Bruchus surtout, vivent dans les graines fourragères et potagères, et principalement les pois et les lentilles.

1re FAMILLE BRUCHIDÆ

Urodon Sch.

U. suturalis F. — Sur le réséda sauvage, en juin-juillet (AC). Autun. Route de Saint-Sernin à Paris-l'Hôpital! Le Creusot (AR). On trouve également dans les mêmes localités une variété concolore sans bande suturale.

U. rufipes Ol. — Sur fleurs et fruits du *Reseda lutea*; sa larve vit dans les capsules de la plante et se transforme en terre. Printemps, été (AC). Autun. Le Creusot.

U. conformis Suffr. — Sur les fleurs et les fruits du *Reseda luteola*. Juin, juillet (AR). Autun. Le Creusot (C).

Spermophagus Ster.

S. cardui Bohm. — Mâcon, sur les fleurs, au printemps. Autun, en fauchant dans les prés, en mai et juin : Pont-l'Évêque !

Bruchus L.

B. pisi L. (*bornatus* Boh.). — Trop commun l'été dans les jardins, et dans les pois secs de mars à avril ; la larve vit dans les pois verts, et on avale, en les mangeant au printemps, un nombre énorme de très jeunes larves. On reconnaît dans le pois sec la sortie de l'insecte à un petit trou rond dont la graine est percée.

B. rufimanus Bohm. — Autun (CC). Le Creusot, commun dans les fèves de marais. Mâcon. Je l'ai trouvé quelquefois sous les écorces l'hiver.

B. tristis Bohm. (*brachialis* Fahr. *uniformis* Bris.). — Attaque le pois chiche, cultivé et très estimé pour les purées (AC). On le trouve également dans les lentilles. Quand on mange en automne ou à l'entrée de l'hiver des lentilles, il se mêle par la cuisson à la purée, un grand nombre de larves dont on ne soupçonne pas l'existence; vers le carême, au contraire, les adultes sont éclos, on voit leur petit corps noir quand on écrase les lentilles, et on les sent craquer sous la dent. Dans la lentille sèche, on ne voit ni la larve, ni l'adulte; pour en manger le moins possible, il faut faire gonfler la lentille dans l'eau avant de la trier : l'enveloppe de la graine devient transparente, le *Bruchus* est alors parfaitement visible et on peut séparer facilement les graines attaquées.

B. viciæ Ol. — Très commun dans les semences de *Vesces*.

B. tibialis Bohm. — Mâcon (Guérin).

B. sericatus Germ. — Mâcon (Guérin).

B. murinus Bohm. — Mâcon (Guérin).

B. granarius L. (*seminarius* L.) — (AC). Sur *Vicia sepium*, dans les bois, sur le bord des chemins, l'été.

B. rufipes Herbst. (*nubilus* Bohm.) — (AC). Le Creusot, sur les vesces. Mâcon. Saint-Julien, en fauchant sur les herbes (Pierre).

B. luteicornis Illig. — En fauchant sur les bords des bois; peu commun : bois de Chantal ! de Montjeu ! d'Antully !

B. pallidicornis Bohm. — Autun (C). Le Creusot (C), dans les lentilles. (Mâcon).

B. griseomaculatus Gyll. — Autun, au printemps, sur les haies vives (AR).

B. velaris Fahr. (*retamæ* Schf. *obsoletus* Blanch. *laticornis* Blanch.) — (AR), en fauchant dans les prés, l'été.

B. braccatus Stev. — (R), en fauchant l'été; et l'hiver dans les lichens qui recouvrent les vieux châtaigniers, aux Revirets ! C'est une simple variété du *B. dispar* Gyll., qui n'est pas rare à Autun, au printemps, sur les haies vives.

B. laticollis Bohm. — Le Creusot (AR)?? Je doute que cette espèce ait été trouvée en France : Reitter, dans son catalogue, lui assigne comme patrie la Russie méridionale.

B. varius Ol. (*tarsalis* Gyll.) — (R).

B. dispergatus Gyll. — Très commun au mois de mai sur les genêts en fleurs.

B. canus Germ. — (R)?? Sa larve vit dans les graines de sainfoin (*Onobrychis sativa*).

B. debilis Gyll. — (AC), en fauchant dans les prés.

B. cisti F. — Le Creusot (C). Autun, les Rivières ! sur des roses sauvages (AR).

B. picipes Germ. (*siculus* Fahr.) — Autun (R). Le Creusot, commun en mai sur la minette en fleurs (*Medicago lupulina* L).

B. pauper Bohm. — (AR).

B. pubescens Germ. — Autun (C). Mâcon.

B. canaliculatus Mls. — Autun, un seul exemplaire trouvé en fauchant dans les prés qui bordent l'Arroux.

B. loti Payk. (*Wasastjernæ* Fahr.) — Dans des détritus d'inondations de l'Arroux, au mois de mars (R).

B. variegatus Germ. — En fauchant dans les prairies un peu humides de Pont-l'Évèque, au mois de mai (R).

2e FAMILLE ANTHRIBIDÆ

Brachytarsus Sch.

B. scabrosus F. — Vit à l'état de larve et se transforme sous la coque desséchée de divers coccides femelles : *Pulvinaria carpini*, *Lecanium genevense*, etc. L'insecte parfait hiverne sur divers arbres et notamment sur l'orme. Autun, sous écorces de noyers morts, rue de Parpas : peu rare. Le Creusot (C), au printemps, sur les sapins. Mâcon.

B. varius F. — Commun sur les sapins, Le Creusot. Autun, sur troncs d'arbres coupés dans les bois et en fauchant dans les prés (C).

Tropideres Sch.

T. albirostris Herbst. — Sur le bois mort du hêtre, du chêne, du peuplier. Châtaigneraie des Revirets, sur une branche morte de châtaigner (R). Eclot en juillet.

T. sepicola F. — Même localité, dans des branches mortes de chêne (R). Digoin ! (Frère Augustalis).

T. pudens Gyll. — En battant des fagots au mois de juin (RR). Collection de M. Lacatte.

T. maculosus Mls. (*cinctus* Gyll.) — Dans les détritus du bois des Revirets, en automne (RR).

T. niveirostris F. — Dans les branches mortes du chêne, du noisetier, du tilleul; dans les fagots et les haies sèches. Autun. Chagny (AR). Anost (Marchal). Le Creusot, sur des arbres fruitiers, et l'hiver sous la mousse des arbres. Digoin! (Frère Augustalis).

T. curtirostris Mls. — Sur des bois écorcés (R).

Enedreutes Sch.

E. oxyacanthæ Bris. — Dans les tiges de petits hêtres morts, quelquefois en nombre; dans le bois mort de l'aubépine. Le Creusot (R).

Anthribus Geoff.

A. albinus L. — Forêts et régions boisées, dans le bois mort, les haies sèches, l'été (AR). Mesvres! au mois d'avril, sur des éclats dans une coupe de forêt (Marchal). Antully. Autun. Anost, commun sur les haies mortes.

Plathyrhinus Clair.

P. latirostris F. — Chalon, dans les souches de bois (Peragallo); Creusot, en juin, dans un hêtre carié (Marchal et Cartier.)

13e TRIBU — ROSTRIFÈRES

Cette tribu est l'une des plus naturelles de l'ordre des Coléoptères; le caractère principal des Curculioniens est le prolongement de leur tête en une sorte de bec ou rostre, quelquefois assez court, parfois très long. Ils vivent de végétaux, on les rencontres sur les fleurs, les feuilles, les tiges, quelquefois sous les écorces; d'autres se trouvent dans les endroits sablonneux, sur les murs, sous les pierres. Ils forment une des tribus les plus nombreuses en espèces de tout le règne animal. Quelques Curculionides adultes sont nuisibles à l'agriculture et à l'horticulture, mais c'est surtout à l'état de larves qu'ils deviennent des fléaux pour les jardins, les champs, les bois, les provisions de céréales.

1re FAMILLE BRACHYDERIDÆ

Barynotus Germ.

B. mœrens F. — Mâcon (Guérin).

B. murinus Bonsd. — Sous les pierres (R). Autun, dans mon jardin, et Drousson !

Alophus Sch.

A. cordiger Sulz. — Assez commun partout l'été. Autun, Mont-d'Arnaud ! (J, Deseilligny). Le Creusot. Digoin.

Liophlœus Germ.

L. tessulatus Bonsd. — (AC).

Cneorhinus Sch.

C. obesus F. — Saint-Julien, sur des haies (Pierre). Cet insecte doit être probablement le *Strophosomus capitatus* de G.

C. oxyops Desbr. — Saint-Julien, sur des haies (Pierre) ?? Le catalogue Stein indique comme patrie de cet insecte : *Lusitania*.

C. plagiatus Schall. — Autun, rare.

Strophosomus Steph.

S. coryli F. — Très commun, dans tout le département, sur les haies vives l'été.

S. *capitatus* de G. — En battant les chênes au parapluie, au mois de septembre (AC). Le Creusot, sur les arbrisseaux, au printemps (CC).

S. *retusus* Marsh. — Autun (AR). Mâcon !

S. *faber* Herbst. — Toute l'année, dans les endroits sablonneux, à demi-caché dans le sable, sous les touffes de genêts; parfois cheminant lentement au soleil, dans des lieux arides (Marchal). Le Creusot (C). Autun (C).

S. *curvipes* Thoms. — (R).

Caulostrophus Fair.

C. *Delarouzei* Fairm. — (RR)?? Je doute de la provenance de cet insecte, dont je n'ai qu'un exemplaire et dont la présence n'a pas été signalée ailleurs.

Brachyderes Sch.

B. *incanus* L. — Très commun l'été sur les pins et sapins, et l'hiver au pied de ces arbres. Autun, bois de sapins d'Ornez ! et bois de pins du Pignon-blanc !

B. *pubescens* Bohm. — Autun (Collection de M. Lacatte).

Tanymecus Germ.

T. *palliatus* F. — Sur les orties, au printemps. Autun (C). Le Creusot (C). Mâcon.

Sitones Germ.

S. *gressorius* F. — Autun (R). Collection de M. l'abbé Lacatte.

S. *griseus* F. — Endroits sablonneux, sur les branches et au pied des genêts. Saint-Julien. Autun (AR). Le Creusot, sur les genêts. Digoin ! (Frère Augustalis).

S. *gemellatus* Gyll. — (AR).

S. *sulcifrons* Thunb. — Très commun l'été sur diverses plantes, l'hiver sous les feuilles mortes des bois. Autun. Mâcon. Le Creusot (C). Digoin! (Frère Augustalis). Cet insecte est très commun au printemps dans les jardins et ravage certaines années les cultures des petits pois, dont il dévore les feuilles naissantes.

S. *tibialis* Herbt. — Très commun l'été sur diverses plantes, mais affectionne les genêts. Autun. Le Creusot. Mâcon. On trouve également, à Autun, la variété *ambiguus* All. mais elle est rare.

S. *Regensteinensis* Herbst. — Un des plus communs du genre, sur les genêts en fleurs, au mois de mai. Autun. Le Creusot.

S. *crinitus* Ol. — Même habitat. Autun (C). Mâcon. Le Creusot.

S. *hispidulus* F. — Même habitat. Autun (AC). Mâcon. Le Creusot et Saint-Maurice-les-Couches. La variété *tibiellus* Gyll. est assez commune au Creusot et à Saint-Maurice-les-Couches (Marchal).

S. *suturalis* Steph. — Mâcon (Guérin).

S. *humeralis* Steph. — Sur les genêts (AR). Autun. Mâcon. Le Creusot et Saint-Maurice-les-Couches. La variété *discoïdeus* Gyll. a été trouvée au Creusot par M. Marchal.

S. *puncticollis* Steph. — Le Creusot, sur les genêts.

S. *lineatus* L. — Commun l'été dans les jardins, en compagnie du *Sulcifrons*, dans les planches de petits pois dès qu'ils atteignent 0,15 à 0,20 centimètres de hauteur. Autun. Le Creusot (AR). Mâcon.

S. *flavescens* Marsh. — (R). Mâcon.

S *ononidis* Sharp. — Autun, en battant des haies vives, au mois d'août, un seul exemplaire.

Metallites Germ.

M. *mollis* Germ. — (C).

M. atomarius Ol. — L'été, sur les bouleaux, les aulnes (C). Le Creusot. Autun.

M. iris Ol. — En fauchant, sur les herbes, dans les prairies humides, en avril et mai (C). Autun. Le Creusot. Mâcon.

Sciaphilus Sch.

S. muricatus F. — (R).

S. micans F. — Dans les bois de Mesvres et du Creusot, au mois d'avril (R) (Marchal). Saint-Julien, commun dans les bois au mois de mai, sur les hêtres, les chênes, les coudriers, les bouleaux.

S. sericeus Geoff. — Très commun, en mai et juin, sur les arbres fruitiers et sur les noisetiers surtout. Autun. Le Creusot. Saint-Julien. Mâcon.

Polydrosus Gyll.

P. tereticollis de Geer. — Mâcon (Guérin).

P. planifrons Gyll. — Assez commun au printemps, sur les herbes et les feuilles des arbres et arbustes, sur les lisières des bois.

P. impressifrons Gyll. — Même habitat (AR). Autun. Mâcon. La var. *flavovirens* Gyll. se rencontre plus fréquemment que le type.

P. confluens Steph. — Le Creusot, sur les buissons, dans les bois (R). Autun, en battant les haies vives, au mois d'août, à Runchy!

P. pterygomalis Bohm. — En fauchant et en battant les buissons, au printemps. Autun (CC). Mâcon.

P. cervinus L. — Dans les bois, sur les chênes, les hêtres, les coudriers, mai, juin (C). Autun. Le Creusot, commun sur les jeunes taillis de chênes, au printemps.

2e FAMILLE PHYLLOBIDÆ

Phyllobius Germ.

P. maculicornis Germ. — (R), dans les jeunes taillis des bois.

P. argentatus L. — Très commun sur les pommiers et les poiriers, en mai et juin.

P. pyri L. — Se rencontre sur les mêmes arbres. Autun (AC). Le Creusot (R), sur l'aubépine en fleurs.

P. oblongus L. — Dévore en mai et juin les feuilles de plusieurs arbres fruitiers, pommiers, poiriers, cerisiers, etc. : très nuisible aux greffes de l'année. Autun (AC). Mâcon. Le Creusot, sur les buissons (C).

P. betulæ F. — Commun au printemps, sur le coudrier, le bouleau, quelquefois le poirier (AC). Autun. Mâcon.

P. psittacinus Germ. — (AC).

P. urticæ de Geer. — (C), sur feuilles des arbres et en fauchant, juin et juillet.

P. calcaratus F. — Le catalogue des Gozis indique cette espèce comme synonime de l'*urticæ*, dont elle est cependant très différente. Ainsi l'*urticæ* a la pubescence ventrale courte, serrée, les pattes foncées, et le *calcaratus*, au contraire, a la pubescence ventrale longue et rare, et les pattes ferrugineuses.

P. pomonæ Ol. — (AR).

P. viridiæreis Leach. — Commun au mois de juin.

3e FAMILLE OTIORHYNCHIDÆ

Peritelus Germ.

P. griseus Ol. — Très commun l'été à terre, dans les chemins, sous les pierres, au pied des arbres et sur les plantes : il se trouve partout.

P. hirticornis Herbst. — (R).

Otiorhynchus Sch.

D'après M. Rouget, de Dijon, les *Otiorynchus* sont des insectes essentiellement nocturnes qu'on rencontre accidentellement le jour.

O. sulcatus F. — Autun (R), au mois de septembre, dans un jardin ; sa larve est, dit-on, nuisible aux jardins et ronge surtout les racines de fraisiers.

O. ligustici L. — Le plus commun du genre : on le trouve partout l'été, en battant les haies, en fauchant sur les herbes des prairies et surtout sur les luzernes. Il ronge les jeunes pousses de pêchers et les bourgeons de vigne.

O. picipes F. — Très commun au printemps, sur les sapins, sur les haies. Autun, Le Creusot, St-Julien. Digoin! (Frère Augustalis). C'est un insecte nuisible à la vigne.

O. fuscipes Ol. — Autun (AC). Le Creusot, peu commun dans les bois. Mâcon.

O. tenebricosus Herbst. — Autun, de mai à juillet, sur les haies, près des bois. Le Creusot (AC). St-Julien, commun sur les haies. St-Maurice-lès-Couches, très commun sur les lierres. Paris-l'Hôpital, sous les pierres.

O. *Lugdunensis* Bohm. — Mâcon (Guérin). Buxy (Cartier). Digoin! (Frère Augustalis), sur arbrisseaux, dans des bois montagneux.

O. armadillo Rossi — (R).

O. niger F. — (AR).

O. unicolor Herbst. — Assez commun au printemps, sur les arbustes, les buissons. Paris-l'Hôpital.

O. ligneus Ol. — Mâcon (Guérin). St-Julien! (Sandre).

O. densatus Bohm. — (R).

O. scabrosus Marsh. — Autun (R) ; sur les chemins, le matin surtout, sous les pierres, sur arbrisseaux. Mâcon. St-Julien, sur les haies. St-Maurice-lès-Couches, sur le lierre des arbres.

O. impressiventris Fairm. — (R).

O. *ovatus* L. — Mâcon (AR). — Digoin ! (Frére Augustalis).

O. ovatulus Bohm. — (R).

O. rugifrons Gyll. — Mâcon (Guérin), dans les inondations de la Saône.

Omias Sch.

O. pellucidus Bohm. — Le Creusot (AR). Sur les plantes et entre des plateaux de chêne. Mesvres, sous des joncs coupés au bord d'un ruisseau, dans les bois (Cartier et Fauconnet). Bois de Varennes, en fauchant sur petites plantes, en mai (L. Vauthier et Fauconnet).

Trachyphlœus Germ.

T. scaber L. (*squammosus* Gyll.) — Le Creusot, sous les pierres (R). Autun, sous détritus de forêts, au mois de mai.

4e FAMILLE TROPIPHORIDÆ.

Tropiphorus Sch.

T. Suecicus. L. — Le Creusot (RR), un seul exemplaire.

5e FAMILLE MINYOPIDÆ.

Minyops Sch.

M. variolosus F. (*carinatus* L.). — Sous les pierres, sur les vieux murs (AR), Autun. Le Creusot (R). Mâcon ! St-Julien (R). Digoin ! (Frère Augustalis).

6e FAMILLE STYPHLIDÆ

Orthochætes du V.

O. insignis A. — (R).

Strenes du V.

S. setulosus Gyll. (*O. setiger* Beck). — En fauchant sur les herbes (R).

7e FAMILLE MOLYTIDÆ.

Molytes Sch.

M. coronatus Latr. — Tout l'été, sous les pierres, les vieux bois, sur les chemins, très commun partout.

M. glabratus F. – Mâcon (Guérin).

Anisorhynchus Sch.

A. bajulus Ol. (*Gallicus* Desbr.). — Mâcon (Guérin). Digoin! (Frère Augustalis); sous des pierres au mois d'avril, sur la colline entre St-Sernin et Paris-l'Hôpital; peu commun.

Plinthus Germ.

P. caliginosus F. — Sous les pierres, dans les bois, l'été; rare partout. Autun (Abbés Lacatte et Cornu). St-Sernin-du-Bois (Marchal). Buxy (Quincy). St-Julien (Pierre).

Liosomus Sch.

L. ovatulus Clair. — En fauchant au mois de juin sur les plantes basses, sous bois. Bois de Varenne, prés Autun (L. Vauthier et Fauconnet) (R).

8e FAMILLE MYORHINIDÆ.

Myorhinius Sch.

M. albolineatus F. — Autun (R) (Abbé Cornu).

Trachodes Sch.

T. hispidus L. — Très commun au mois de septembre, sur les haies sêches; Anost (Marchal).

9e FAMILLE HYPERIDÆ.

Hypera Germ.

H. ovalis Sch. — Au printemps, sous les pierres, montagnes arides (AR). Autun. Digoin ! (Frère Augustalis).

H. globosa Fairm. — Moins rare.

H. palumbaria Germ. — (Mâcon (Guérin).

Phytonomus Sch.

P. punctatus F. — Très commun l'été, sur diverses plantes et la luzerne surtout. Autun, Le Creusot.

P. Pollux F. — (C).

P. variabilis Herbst. — (CC). Autun, de mai à septembre, en fauchant et sous les pierres. Mâcon, Le Creusot. Digoin! (Frère Augustalis).

P. meles F. — Sur les trèfles et dans les taillis, de juin à septembre (C). Autun, Le Creusot.

P. pastinacæ Rossi. — Le Creusot (R). (Cartier).

P. murinus. F. — Assez commun en fauchant dans les bois, l'été.

P. polygoni F. — Autun, sur plantes dans les endroits humides. Le Creusot, sur différentes plantes, l'été (AR) Mâcon. Digoin ! (Frère Augustalis).

P. plantaginis de G. — Mâcon (Guérin). Le Creusot. Autun, en fauchant dans les bois, en mai et juin.

P. suspiciosus Herbst. — (AR). Autun, sur les haies, au mois de juin. Mâcon, Le Creusot.

P. rumicis L. — Autun, sous détritus de jardins en mars. Mâcon. Le Creusot, sur différents *Rumex*, lieux humides, en juin (R), (Cartier).

P. trinileatus Marsh. — Très commun l'été sur les plantes, et l'hiver sous les feuilles mortes des forêts et sous les *lichens* qui recouvrent les vieux châtaigners. Les Revirets! Rivault! Couhard! près Autun, Le Creusot (CC).

P. nigrirostris F. — Très commun sous les *Ononis*. Autun, Le Creusot (AR).

P. viduus Com. — Sous des pierres au mois de juin, montagne de Dun! (Abbé Viturat). (RR).

Limobius Sch.

L. mixtus Bohm. — (R), en fauchant dans les bois, l'été.

10e FAMILLE CLEONIDÆ

Leucosomus Mots.

L. opthalmicus Rossi. — Le Creusot, commun à terre, sur les chemins au soleil, quelquefois sous les pierres.

Cleonus Sch.

C. ocularis F. — Mont-d'Arnaud (R) (J. Deseilligny) ??

C. morbillosus F. — Mâcon (Guérin).

C. marmoratus F. — Sur les fleurs d'*Achillea millefolium*, quand elles sont suffisamment avancées, pour que leur teinte et celle de l'insecte se confondent facilement. Juin, juillet (AC). Autun, La Feuillée; Le Creusot (R). Mâcon. St-Julien, sous les pierres.

C. grammicus Panz. — (R), Autun, sur la route de la Feuillée, en septembre.

C. trisulcatus Herbst. — Se rencontre surtout à terre, l'été, peu commun. Autun, Le Creusot, Mâcon ! (Guérin).

C. sulcirostris F. (*scutellatus* Bohm.). — Le Creusot, sur différents chardons et genêts (C). Mâcon. Autun, sous les pierres et sur les chemins.

Stephanocleonus Mts.

S. turbatus Fahr. — Mâcon (Guérin). Le Creusot.

S. excoriatus Gyll. — St-Julien, au pied d'un mur, au mois de juin (Pierre).

Megaspis Sch.

M. costatus F. — Mâcon ! St-Julien, sous des pierres. Le Creusot.

M. cunctus Gyll. — Mâcon (Guérin). C'est une espèce différente de l'*Alternans* Ol., avec lequel on la confond souvent.

Bothynoderes Sch.

B. niveus Bonsd. — Le Creusot, sous les pierres, dans les lieux secs. — L insecte parfait a été trouvé plusieurs fois par M. Marchal, dans une excroissance formée par la larve, à la racine d'une plante adventive du Creusot, l'*Atriplex rosea* L. *Chenopodiée* méridionale. Les larves sont souvent dévorées par un hyménoptère le *Bracon desertor* F.

11e FAMILLE LIXIDÆ.

Larinus Germ.

L. jaceæ Fab. — L'été, sur les *Carlines* (AC).

L. *cardui* Rossi. — (AC).

L. bardanæ F. — Le Creusot, sur des chardons l'été.

L. carlinæ Ol. — Sur les chardons et sur le *Carlina vulgaris*, dans des lieux secs et pierreux et sur le bord des chemins (AC); quelquefois en battant les haies; Autun, Mâcon, Le Creusot.

L. sturnus Schal. — Commun sur les chardons, de mai à juillet. Autun, Mâcon, Le Creusot.

Rhinocyllus Germ.

R. latirostris Latr. — (AR).

Lixus F.

L. filiformis F. — Sur des chardons, au mois de juillet. St-Julien (Pierre).

L. bardanæ F. — Le Creusot, un seul exemplaire.

L. angustus Herbst. — Pris au vol au mois d'août. St-Julien (Pierre).

L. paraplecticus L. — Au mois de Juillet, sur des graminées, dans les champs qui bordent l'Arroux. La larve vit dans les tiges fistuleuses du *Phellandrium aquaticum* (AR). Trouvé en ville, sur une barrière de jardin, avenue de la Gare. Autun. Le Creusot, un seul exemplaire au mois de juillet, sur *Lysimachia vulgaris*.

L. cylindricus F. — (R). Autun. Digoin! (Frère Augustalis).

L. ascanoïdes Villa. (*junci* Bohm.). — Sur les genêts, où il est fortement attaché, Le Creusot (R).

L. cribricollis Bohm. — Mâcon (Guérin).

L. spartii Ol. *fallax* Bohm). — Le Creusot, dans les tiges de genêts, au mois de juillet. Si l'on couche la plante à terre, elle se brise au collet de la racine, quand elle est attaquée par des *Lixus*, et c'est là où se trouve la larve ou l'insecte parfait (Marchal).

L. algirus L. (*angustatus L.*). — Trouvé une fois au Creusot, sur un chardon et une fois à Montchanin, sur des fèves de marais (Marchal).

12e FAMILLE HYLOBIDÆ.

Lepyrus Germ.

L. binotatus F. — Mâcon. Autun (AC). Le Creusot.

L. colon L. — Le Creusot, sur de jeunes saules, dans les bois (AR). Mâcon. Digoin, sur les osiers, au bord de la Loire (Pierre).

Hylobius Germ.

H. abietis L. — Le plus commun du genre, sur les pins et sapins, tout l'été (CC). Autun, Le Creusot (C). Mâcon, St-Julien, en nombre, sur des sapins fraîchement coupés. Digoin ! (Frère Augustalis).

H. piceæ Gyll. — Sur des conifères (AR).

H. pinastri Gyll. — Mâcon (Guérin). Suivant M. Girard, cet insecte propre à l'Angleterre, à la Suède, au nord de l'Allemagne, ne se trouve pas en France.

H. fatuus Rossi. — Digoin ! (Frère Augustalis).

Pissodes Germ.

P. notatus. F. — Commun en mai, juin, juillet, sur les pins et sapins, sous leurs écorces; ils aiment à ronger les bourgeons terminaux et les petites branches des jeunes plants, c'est pourquoi on trouve souvent l'insecte à la cime des arbres (Marchal). Le Creusot, St-Julien. Digoin ! (Frère Augustalis).

P. pini L. — Même habitat, même mœurs. Plus rare. Autun, bois des Revirets.

P. validirostris Gyll.— (R). — Autun, bois de Varennes, en mai et juin, sur des sapins.

13e FAMILLE MAGDALINIDÆ

Magdalinus Germ,

M. Memnonius Fald. — Le Creusot, sous des pierres au mois de mai.

M. aterrimus L. — Sur les herbes, dans les lieux sablonneux. Autun (R). Le Creusot (C). St-Julien, sur des sapins.

M. cerasi L. — Sur les arbres fruitiers, en juin, juillet. Autun (C), à partir d'avril, sur feuilles de poiriers. Le Creusot (C) Mâcon.

M. flavicornis Gyll. — Mâcon (Guérin), sur les chênes. Autun, au mois de mai, sur feuilles de poiriers.

M. barbicornis Latr. — Se trouve assez fréquemment au mois de juin ou juillet, en battant les haies.

M. duplicatus Germ. — Le Creusot, sur des pins, en mars, avril. St-Julien, sur des sapins. Mâcon (Guérin).

M. carbonarius L. — Autun (R). Collection de M. Lacatte. Le Creusot, sur des pins (R).

M. pruni L. — Autun (AC). Sur les haies et sur feuilles de poiriers, au mois de mai; bois de Varenne, sur prunelliers. Le Creusot (R).

M. rufus Germ. — Le Creusot, très commun sur les pins, presque toute l'année.

M. violaceus L. — Le Creusot, un exemplaire sur des pins?

14e FAMILLE ERIRHINIDÆ.

Gripidius Sch.

G. nigrogibbosus de G. — Autun (R). On le trouve en juin, juillet, sur les *Equisetum*, le rostre enfoncé dans la tige (collection de M. Lacatte).

Dorytomus Germ.

D. validirostris Gyll. — En familles nombreuses l'hiver, sous les écorces de platane (route de Gueunan), sous les écorces de peuplier, de tremble, sur les bords des ruisseaux. Autun (CC). Mâcon. Le Creusot, sous la mousse des arbres, même en hiver (R).

D. vorax F. — Par familles, sous écorces de peupliers morts, dès les premiers froids (C). Autun, Le Creusot, Mâcon, St-Julien. Digoin ! (Frère Augustalis).

D. tremulæ Payk. — (AC). Avec le *validirostris*, sous les écorces de peuplier, de tremble, dès l'automne.

D. costirostris Gyll. — Assez commun sous les écorces de peuplier, à l'automne. Autun, Mâcon, le Creusot.

D. maculatus Marsh. (*Silbermanni* Wenck. *tæniatus* F. *bituberculatus* Zett). — Sous écorces de peupliers, l'hiver (CC). La Creuse-d'Auxy, près Autun.

D. agnatus Bohm. — Sous des écorces, l'hiver (R).

D. pectoralis Panz. (*tortrix* L.). — Sous écorces de différents arbres, l'hiver; peu commun.

D. filirostris Gyll. (*incanus* Muls.). — Sous des écorces de platanes, en novembre (R).

D. dorsalis Herbst. — (AR). Il existe une variété sans tache à la base de la suture, que je n'ai trouvée qu'une fois dans le département. Le type n'est pas rare l'été, sur les haies.

Erirhinus Germ.

E. acridulus L. — Le Creusot, très commun sous des débris végétaux, dans les lieux humides, sous tas de joncs ayant séjourné un peu longtemps sur les bords des étangs et des ruisseaux. Autun (C). Mâcon.

Brachonyx Sch.

B. pineti Payk. — Assez commun au printemps, sur les pins, au moment de la floraison. Le Creusot, Autun. La larve ronge la feuille aciculaire des pins.

Anoplus Sch.

A. plantaris Holm. — Pas rare sur des haies au printemps et dans les taillis des bois. Bois de Varenne, près Autun.

Tanysphyrus Germ.

T. lemnæ Payk. — Sous les pierres de déblais, autour de la gare de Chalon (Peragallo).

Smicronyx Sch.

S. cicus Gyll. — Mâcon (Guérin).

Mecinus Germ.

M. pyraster Herbst. — Assez commun l'été sur les plantes et l'hiver dans la mousse des arbres. Le Creusot, Autun.

M. circulatus Marsh. — Le Creusot et St-Maurice-lès-Couches, dans les lichens et les lierres qui tapissent les arbres (Marchal).

15e FAMILLE TYCHIIDÆ.

Pachytychius Jek.

P. sparsutus Ol. — Assez commun, en fauchant, l'été, au-dessus des plantes des bords des étangs. Le Creusot, Autun, Mâcon.

Tychius Germ.

T. 5-punctatus. L. — En fauchant sur les herbes au bord des chemins. Juin, juillet (AC). Autun, route de Luzy. Mâcon.

T. tomentosus Herbst. — Mâcon, Le Creusot (R).

T. meliloti Steph. — Mâcon (Guérin). Autun, l'hiver, sous détritus au pied d'arbres verts.

T. tibialis Bohm. — Mâcon (Guérin).

T. venustus F. — Sur les genêts, l'été (AR). Le Creusot, Autun. J'ai trouvé la variété la *genistæ* Bohm, en fauchant au mois de mai dans les bois de Curgy et de Varenne (L. Vauthier).

T. picirostris F. — (R) ??

T. squammulatus Gyll. — Sur les plantes basses, au mois de juin (AR). Le Creusot. Autun.

T. pusillus Germ. — Le Creusot, rare. Autun.

Miccotrogus Sch.

M. cuprifer Panz. — Mâcon (Guérin).

Sibynes Sch.

S. viscariæ L. — Autun, Mâcon. Pas rare, en fauchant dans bois l'été.

S. pellucens Scop. — Mâcon (Guérin).

S. silenes Peer. — Mâcon (Guérin).

S. potentillæ Germ. — Le Creusot.

Elleschus Steph.

E. scanicus Payk. — (R). Autun, sur les bords de l'étang de Chantal, mois de mai.

Lignyodes Steph.

L. enucleator Panz. — (AR). Le Creusot, Autun.

16e FAMILLE CIONIDÆ.

Nanophyes Sch.

N. lythri F. — En fauchant sur les plantes basses des endroits humides, l'été (AC). Autun, Le Creusot. Digoin ! (Frère Augustalis).

Cionus Clairv.

C. scrophulariæ L. — Commun l'été sur la scrophulaire. Autun, Le Creusot, St-Julien, Digoin.

C. Olivieri Rosh. — Le Creusot, commun sur les *Verbascum*, en juin, où M. Marchal a trouvé également la var. *Clairvillei* Bohm.

C. hortulanus Marsh. — Mâcon (Guérin). Digoin! (Frère Augustalis)!

C. ungulatus Germ. — Mâcon (Guérin)? Cet insecte n'est pas de France, d'après le catalogue Weise.

C. verbasci L. — Sur les *Verbascum*, l'été (C). Autun, Le Creusot.

C. olens F. — Même habitat. Le Creusot (C).

C. thapsus F. — Très commun partout, sur les mêmes plantes.

C. blattariæ F. — En fauchant au mois de juin, sur les herbes des bords du ruisseau de la Creuse-d'Auxy (R). Autun, Le Creusot. St-Julien, sur le Bouillon blanc. Mesvres, en fauchant au mois de mai, dans une coupe de bois humide (Cartier et Fauconnet).

C. solani F. — Peu rare au printemps, dans le duvet et les jeunes feuilles de *Verbascum*. Autun, Le Creusot.

C. Schœnherri Bris. — Le Creusot.

17e FAMILLE GYMNETRIDÆ.

Miarus Steph.

M. campanulæ L. — Sur les campanules, où l'insecte se tient au fond de la corolle, de mai à juillet.

M. graminis L. — Autun, Le Creusot (C), en fauchant dans les bois en juillet et août.

Rhinusa Kirb.

R. neta Germ. — Autun, Le Creusot (AR).

R. asella Grav. — (R).

R. noctis Herbst. — Sur les plantes et les fleurs, juin, juillet, Autun (R). Le Creusot (AR).

R. tetra F. — Autun (Collection de M. Lacatte). Le Creusot, Mâcon. Je l'ai trouvé dans mon jardin, en battant des fagots au mois de novembre.

R. spilotus Germ. — Anost, sur des scrophulaires, dans des lieux secs, septembre et octobre (R). (Marchal). Digoin! (Frère Augustalis).

R. melas Bohm. — (AC).

R. longirostris Gyll. — (AR).

R. collina Gyll. — Autun, dans des détritus d'inondations de l'Arroux, en mars.

Gymnetron Sch.

G. beccabungæ L. — La larve vit dans le *Veronica beccabunga* et l'insecte parfait se trouve l'été sur cette plante.

G. pascuorum Gyll. — Le Creusot (R).

G. melanarius Germ. — (C), en mai et juin, en fauchant dans les bois.

G. labilis Herbst. — Le Creusot, sur le trèfle (R).

G. veronicæ Germ. — Anost, sur *Veronica beccabunga*, lieux humides, septembre et octobre (R) (Marchal).

18e FAMILLE APIONIDÆ.

Apion Herbst.

A. pomonæ F. — Très commun en avril, mai et juin, dans les bois sur les feuilles des arbres et dans les jardins sur les fleurs des arbres fruitiers, dont la femelle perfore avec son bec les parties internes pour déposer ses œufs. L'insecte éclot en août et septembre et on le trouve sur toutes les parties de l'arbre. La larve vit encore dans les gousses du *Lathyrus pratensis* et *Vicia sepium*. Autun, Le Creusot, St-Julien. Digoin!

A. opeticum Bach. — Sur feuilles de noyer, en juillet (R).

A. craccæ L. — Très commun au mois de juillet dans les prairies, les champs de trèfle et l'hiver sous les détritus, les feuilles mortes des jardins. La larve habite les gousses de *Vicia cracca, angustifolia* et autres légumineuses. Autun, Le Creusot (AR). Mâcon.

A. subulatum Kirb. — (R). La larve vit dans les gousses de *Vicia sepium*; on trouve l'insecte en fauchant sur la lisière des bois.

A ochropus Germ. — De mai à août, dans les champs et les prairies et l'hiver sous les feuilles mortes (AC).

A. cyaneum de G. — Le Creusot, très commun sur les capitules de chardons, juin, juillet, août. Autun.

A. vicinum Kirb. — L'été, sur les fleurs du *Thymus serpillum*. Le mâle est plus rare que la femelle. Peu commun. Autun, Mâcon.

A. Hookeri Kirb. — (R). Sur les feuilles de noyer, en juillet, dans mon jardin.

A. difficile Herbst. — Assez commun de mai à juillet, sur différentes plantes, sur les fleurs de genêts, quelquefois abondant sur le chêne.

A. bivittatum Gerst. — Sur les genêts, en mai et juin (C). Autun, Curgy.

A. fuscirostre F. — Sur les genêts, les bruyères, les ajoncs, de mars à novembre, mais surtout en automne (CC). Mesvres, Autun, Le Creusot.

A. semivittatum Gyll. — La larve se développe dans les nœuds de la tige de la *Mercurialis annua*, d'août en octobre. J'ai pris quelquefois l'insecte en battant des haies (R).

A. pallipes Kirb. — (R). Autun, Mâcon. La larve vit dans la *Mercurialis perennis.*

A. femorale F. — (C). Se trouve l'été dans tous les environs d'Autun.

A. vernale F. — Au printemps et en été, sur les tiges et les feuilles des *Urtica urens* et *dioïca* (CC). La larve se trouve dans les tiges de cette dernière (Perris). Autun, Mâcon.

A. viciæ Payk. — Dans les gousses de vesces et de lentilles. Juin à août. Peu commun.

A. rufescens Gyll. — Sur *Parietaria officinalis*, l'été (C); quelquefois en battant les haies.

A. æneum F. — Commun de mai à septembre sur l'*Althæa rosea, Malva rotundifolia* et *silvestris*. La larve creuse des galeries dans la mœlle de ces plantes et y subit ses transformations. L'insecte adulte, ronge les bourgeons. Autun, St-Maurice-lès-Couches.

A. radiolus Kirb.— Commun, sur les végétaux les plus divers. La larve doit vivre dans les *Malvacées.*

A. dispar Germ. — (R), en battant les haies.

A. striatum Marsh. — Abonde au printemps sur *Genista sagittalis*. Autun, Le Creusot (Cartier et Marchal).

A. immune Kirb. — Sur *Spartium scoparium*. Autun (R). Le Creusot (CC).

A. pubescens Kirb. — Assez commun en juin et juillet sur les saules. Autun, Mâcon, Le Creusot (CC).

A. Curtisi Curt — (R).

A. seniculum Kirb. — De mai à octobre sur *Trifolium pratense* et autres légumineuses; souvent sur les chênes. Autun (CC). Le Creusot (CC).

A. elongatum Germ. — Mâcon (Guérin).

A. fulvirostre Gyll. — Sur l'*Althæa officinalis*, dont la graine est rongée par les larves.

A. rufirostre F. — Commun en mai et juin sur *Malva sylvestris* et *rotundifolia*. La larve vit au détriment des graînes de ces plantes.

A. lævicolle Kirb. — Autun, au mois de mai, en battant les haies vives (R).

A. dissimile Germ. — Sur le *Trifolium arvense*, l'automne (R).

A. varipes Germ. (*Bohemanni* Bohm). — Commun toute l'année, sur le *Trifolium pratense.*

A. fagi L. — Très commun partout l'été et sur des plantes très variées; la larve vit à la base du calice des fleurons du *Trifolium pratense* et fait de grands ravages dans les trèfles conservés pour semences. La variété *Ononidis* Gyll. se trouve en juin et juillet sur les *Ononis repens, spinosa, campestris* (R).

A. assimile Kirb. — Sur *Trifolium pratense* et autres; la larve ronge la graine (R). Autun, Le Creusot (AR).

A. trifolii L. — Même habitat, mêmes mœurs (CC). Autun, Le Creusot (C).

A. nigritarse Kirby. — Sur *Trifolium procumbens, repens*; je l'ai trouvé en quantité au mois de juillet sur des feuilles de noyer, dans mon jardin, en compagnie des *seniculum, pubescens* et *rufirostre*. Autun (CC). Le Creusot (R).

A. flavipes L. — Commun l'été sur les trèfles et l'hiver sous les détritus et feuilles mortes. Autun (CC). Le Creusot (C).

A. ebeninum Kirb. — Assez commun au printemps sur diverses plantes. Autun. Mesvres, en fauchant dans une coupe de bois, en mai. (Cartier et Fauconnet).

A. tenue Kirb. — Sur *Melilotus officinalis, Medicago sativa*, sur les luzernes; la larve vit dans les tiges de ces plantes, sur les arbres fruitiers, les lilas et beaucoup de plantes basses des jardins (C). Autun, Le Creusot (C).

A. Paykhulli Dgz. — (AC). Trouvé au mois de juillet sur des noyers, dans mon jardin et au mois d'avril, en fauchant dans des prés, à Pont-l'Évêque, près Autun.

A. virens Herbst. — Assez commun l'été sur les légumineuses herbacées. Autun, Le Creusot (CC).

A. punctigerum Thunb. — Tout l'été, sur *Vicia sepium* et *cracca* (R).

A. ervi Kirb. — Sur *Vicia cracca, Ervum hirsutum*; la lar vit dans les lentilles (R); je l'ai trouvé également l'hive dans des détritus de jardins. Le mâle a les antennes cor plétement testacées.

A. filirostre Kirb. — (R).

A. minimum Herbst. — Sur les saules; il se nourrit d'ur galle oblongue, volumineuse, charnue, produite sur le *Sali vitellina* par le *Nematus humeralis* (hyménoptères). Mâco (Guérin) (AR).

A. pisi F. — Commun sur *Vicia sepium* et divers *Trifoliun*

A. æthiops Herbst. — Dans les gousses de *Vicia sepium* sur les arbres fruitiers (CC). Autun, Le Creusot.

A. brevirostre Herbst. — Sur *Hypericum hirsutum* e *perforatum*, sur *Rumex acetosella* (Rouget) (C). Autun. L Creusot.

A. sorbi Herbst. — On le trouve en général sur les composées le mâle est plus rare que la femelle (R).

A. ulicis Forst. — La larve vit dans les gousses d'*Ulex* (C) Autun, Le Creusot (R).

A. angustatum Kirb. — Autun (C). Le Creusot.

A. Spencei Kirb. — (R). La larve vit dans les gousses de *Vicia cracca*; j'ai trouvé l'insecte au mois de juillet, sur les feuilles d'un noyer, dans mon jardin.

A. vorax Herbst. — Sur les pois, les vesces et sur grand nombre de légumineuses; se trouve aussi sur le chêne, le sapin et le noisetier (AR).

A. hydrolapathi. — Sur *Rumex hydrolapathi*, en juillet, août et septembre. Mâcon (Guérin).

A. violaceum Kirb. — Très commun l'été sur l'oseille cultivée, dans les jardins. Les larves vivent dans les tiges et principalement dans les nœuds d'où partent les feuilles; l'insecte éclot en juillet. Autun, Mâcon, St-Julien. Le Creusot (Cartier).

A. affine Kirb. — Sur *Spartium scoparium*, en été et en automne (R).

A. humile Germ. — Au printemps, sur *Rumex acetosa* (R). Autun, Le Creusot (C).

A. malvæ F. — Très commun au printemps et l'été sur *Malva sylvestris* et *rotundifolia*, dont les graines servent de nourriture à la larve. Autun, St-Julien.

A. simum Germ. — Sur l'*Hypericum perforatum*; la larve vit dans l'intérieur des tiges et se transforme en juin (AC).

A. sanguineum de G. — Assez rare, en septembre et octobre dans les prairies; la larve vit dans la tige ou le pétiole du *Rumex acetosella*. — Autun. St-Julien.

A. rubens Steph. — Mêmes mœurs, même habitat. Autun (R). Le Creusot (AR).

A. miniatum Germ. — La larve vit dans les *Rumex conglomeratus*, *nemorosus* et autres; la femelle dépose ses œufs sur la nervure médiane des feuilles; il se forme, à l'endroit piqué, une galle dans laquelle la larve se développe. Autun (AR). Le Creusot (C).

A. frumentarium L. (*cruentatum* Walt.). — Sur les *Rumex*, l'été (C); la larve vit dans la tige ou les pétioles du *Rumex acetosella*. Autun (C). Mâcon! Le Creusot, commun en automne, sur la bruyère. Digoin! (Frère Augustalis).

19e FAMILLE ATTELABIDÆ.

Apoderus Sch.

A. coryli L. — Sur les noisetiers en juin, juillet (C). Autun (C). St-Julien, dans les bois, sur les jeunes charmes, au mois de mai. Le Creusot, J'ai trouvé, à Mesvres, au mois de mai, la var. *Collaris* Scop.

Attelabus L.

A. curculionoïdes L. — Sur les pousses de jeunes chênes, dans les haies et dans les bois; juin, juillet (C). Autun, Le

Creusot. Très commun sur les chênes et les bouleaux. St-Julien, sur les chênes, dans les bois. Digoin ! (Frère Augustalis).

20e FAMILLE RHINOMACERIDÆ.

Rhimonacer Geoff.

R. attelaboïdes F. — Sur les fleurs mâles des pins; la larve vit dans les chatons, surtout dans ceux des arbres récemment abattus; elle se transforme en terre. Avril, Mai (AC).

Nemonyx Redt.

N. lepturoïdes F. — (AR). Se trouve généralement en juin, juillet, sur les fleurs de *Delphinium consolida*.

Diodyrhynchus Germ.

D. Austriacus Germ. — Assez commun en avril et mai, sur fleurs mâles de pins. Les Revirets.

Rhynchites Sch.

R. betuleti L. — En mai, juin, juillet, sur les poiriers, les bouleaux, les hêtres et malheureusement sur les vignes. La femelle roule les feuilles de vigne, et y fait des piqûres, où elle dépose ses œufs ; puis elle coupe en partie le pétiole, pour arrêter la sève, et permettre aux petites larves de mordre plus aisément les fenilles roulées, attendries, à demi mortifiées. Les feuilles finissent par tomber et les larves se changent en nymphes dans la terre. Autun (CC). Le Creusot, Mâcon. St-Julien, commun sur les chênes en mai et juin.

R. populi L. — Commun sur les jeunes pousses de trembles et de peupliers. Autun. Le Creusot, peu commun. St-Julien. Digoin ! (Frère Augustalis).

R. pauxillus Germ. — (C). Autun, Le Creusot. Mâcon. On

le trouve en battant les haies et les arbres fruitiers, à partir du mois de mai.

R. Bacchus L. — Dans les vergers et les jardins, sur les pommiers et les poiriers surtout. Dès que les fruits sont noués, la femelle perce de son rostre, un trou sur les petites poires, y pond un œuf qu'elle pousse au fond avec son bec, puis elle ferme l'orifice avec une matière glutineuse qu'elle lisse avec son abdomen. Huit jours après, éclot la larve, qui perce le fruit et déverse ses excréments par un trou opposé à celui de la ponte ; un mois ensuite, le fruit tombe et la larve se transforme en nymphe dans la terre. Autun (C). Le Creusot (AR). St-Julien, sur les haies, en juin et juillet.

R. auratus Scop. — Très commun sur les haies, en mars et juin. Autun. Le Creusot, en fauchant sur les herbes (C). Digoin (Frère Augustalis).

R. minutus Shœn. — Le Creusot (C).

R. æquatus L. — Sur les haies vives, sur les fleurs de différents arbres fruitiers, en juin, juillet (C). Autun, Mâcon, St-Julien. Le Creusot. Digoin! (Frère Augustalis).

R. cupreus L. — (R). Vit généralement dans les prunes. La femelle perce le jeune fruit, y dépose un œuf, entaille le pédoncule et le fruit tombe. St-Julien, deux exemplaires sur cerisier (Pierre).

R. interpunctatus Steph. — Mâcon! (Guérin); il paraît assez commun dans cette localité.

R. germanicus Herbst. (*minutus* Herbst.). — Mâcon (CC). Le Creusot (Cartier). Autun, bois de Varennes, en fauchant au mois de juin. (L. Vauthier et Fauconnet).

R. planirostris F. — (R).

R. æneovirens Marsh. — Mâcon (Guérin). — St-Maurice-lès-Couches (Marchal).

R. conicus Illig. — Il produit sur les jeunes poiriers, les rameaux flétris qu'on voit pendre en mai et juin. Il s'attaque aussi aux pommiers, pruniers, abricotiers, et même à l'aubépine. Autun (AC). Le Creusot (R).

R. betulæ L. — Sur l'aune, le charme, le bouleau et le hêtre; il roule les feuilles de ces arbres en cornet et non en cylindre. Autun (C). Le Creusot. St-Julien, commun sur les haies au mois de mai.

R. pubescens Herbst. — (AR). Dans les bois de chênes. La Creuse-d'Auxy! Bois de Varennes!

R. sericeus Herbst. — (AR). Dans les jeunes taillis de chênes, environs d'Autun.

R. nanus Payk. — Mâcon (Guérin), en fauchant dans les bois.

R. cæruleus Deg. — (R).

Auletobius Desb.

A. pubescens Ksw. — Mâcon (Guérin).

21e FAMILLE ANTHONOMIDÆ.

Anthonomus Germ.

A. rubi Herbst. — Commun l'été sur les ronces et quelquefois sur les fleurs d'églantiers et surtout sur les pousses nouvelles de haies vives. Autun. Le Creusot, sur les plantes et buissons en fleurs, en juin, juillet (C). Mâcon.

L'Anthon. gracilipes Desbr., n'est qu'un exemplaire roussâtre du *rubi* (Bedel).

A. varians Payk — (AR). J'ai trouvé à Autun l'*Anth. melanocephalus* F., regardé comme même espèce que le *varians*, par MM. Weise et Reitter, et comme une variété bien caractérisée, par M. Desbrochers.

A. pomorum L. — Très nuisible aux arbres fruitiers. Au commencement du printemps, les femelles percent les fleurs en boutons, ou bourres à fruits, y déposent un œuf et la larve dévore les étamines et pistils; ces boutons se dessèchent. Autun (C). Mâcon.

A. pyri Sch. — Mêmes mœurs que le précédent, même époque d'apparition et malheureusement aussi commun. Autun, Le Creusot.

A. ulmi de G. (*pedicularius* L.). — Assez commun au printemps sur les haies d'aubépine, au sommet des jeunes pousses de l'année. Autun, Le Creusot, sur les fleurs du troëne, en juin et juillet (R). St-Julien, sur arbrisseaux. Digoin! (Frère Augustalis).

A. rufus Sch. — (R). Sur haies vives.

A. conspersus Desbr. — Mâcon (Guérin).

A. spilotus Redt. — (AR). St-Julien, sur arbrisseaux. Autun.

A. rectirostris L. — Le Creusot, assez rare.

Bradybatus Germ.

A. Creutzeri Germ. — Sur l'érable, assez rare.

22e FAMILLE BALANINIDÆ.

Balaninus Germ.

B. glandium Herbst. — Commun l'été sur les chênes dans les jeunes taillis, il se comporte, à l'égard des glands des chênes, comme le suivant pour la noisette. Autun, Le Creusot, St-Julien! Digoin! (Frère Augustalis).

B. nucum L. — Trop commun l'été sur les noisetiers sauvages et cultivés. En juin ou fin mai, la femelle, de son long rostre effilé, perce les jeunes noisettes et y dépose un œuf, d'où naît promptement une larve, qui atteint sa croissance fin août; la noisette attaquée se détache généralement et tombe. La larve perce d'un trou rond la coque du fruit, entre en terre, y passe l'automne et l'hiver et se change en nymphe au mois de mai. C'est cette larve qu'on trouve dans les amandes des noisettes sous forme d'un ver dodu, blanc, courbé en arc.

— *B. tesselatus* Fourc. — (AC). Runchy, près Autun, sous écorces de chênes, au mois de mai (Dauvergne et Fauconnet).

— *B. cordifer* Fourc. — Sus les chênes et les genêts en fleurs en juin, juillet. La femelle perce les galles formées sur les feuilles de chêne, par des *Cynips*. La Porole, près Autun. Marmagne! Le Creusot, dans les bois (C). Mâcon.

— *B. pyrrhoceras* Marsh. — Vit également sur les chênes et la larve a les mêmes mœurs que celle du *cordifer* (AC). Autun. Le Creusot (R).

— *B. brassicæ* F. — Commun l'été dans les jardins, sur les choux; dans les champs, sur les crucifères, quelquefois sur les saules. Autun. Le Creusot.

B. rubidus Gyll. — Le Creusot (R). Pris une seule fois au vol.

— *B. crux* F. — Sur les chênes et les saules, l'été. La femelle pond dans des galles d'hyménoptères (C).

B. troglodytes Jekel. — Cet insecte de Grèce, d'après le catalogue Weise et Reitter, a été trouvé au Creusot par M. Marchal et nommé par M. Desbrochers; il ne peut y avoir aucun doute, ni sur l'espèce, ni sur la localité. Sa présence au Creusot est évidemment accidentelle et il a pu y être transporté soit avec des marchandises, soit sur les wagons de l'Usine, qui conduisent dans toute l'Europe les objets manufacturés au Creusot. M. Rouget a vu de même à Dijon, la capture d'un *Chlœnius circumscriptus* vivant, coléoptère qu'on ne trouve que sur les bords de la Méditerranée.

23e FAMILLE CEUTORHYNCHIDÆ.

Amalus Sch.

A. scortillum Herbst. — Le Creusot, sur diverses plantes (AR). Autun, au mois de mai, en fauchant sur des pelouses, dans mon jardin.

Rhinoncus Sch.

R. castor F. — Assez commun l'été en fauchant dans les prés.

R. bruchoïdes Herbst. — Sur les *Polygonum*, dans les lieux humides, en septembre et octobre (AC). Le Creusot, Autun.

R. inconspectus Herbst. — Autun (C). Le Creusot, très commun l'hiver, dans des détritus organiques ramassés sur les bords d'un étang. Digoin ! (Frère Augustalis).

R. pericarpius F. — Pris une seule fois en quantité sur des plantes aquatiques. Le Creusot, Autun (CC), Mâcon.

R. guttalis Germ. (*subfasciatus* Gyll.). — (A). Sous des fagots entassés dans un jardin, en septembre et décembre. Autun, Le Creusot.

R. albicinctus Gyll. — Mâcon (Guérin); doit être rare.

Mononychus Germ.

M. salviæ Germ. — (C). Sur l'*Iris pseudoacorus*, au bord des étangs.

M. pseudoacori F. — Commun l'été sur les fleurs d'*Iris*. Autun, le Creusot, Mâcon, Digoin ! (Frère Augustalis).

Cæliodes Sch.

C. *quercus* F. — Très commun l'été sur les chênes, sur les haies et l'hiver, sous les écorces ou sous la mousse qui tapisse les chênes.

C. rubicundus Payk. — Mâcon (Guérin). Autun, en fauchant au printemps, dans les prés qui bordent l'Arroux.

C. fuliginosus Marsh. (*guttula* F.). — Mâcon (Guérin), Autun, Le Creusot.

C. 3-fasciatus Bach. — Le Creusot.

C. ruber Marsh. — Sur les chênes, l'été (C). Autun. Le Creusot, capturé en petit nombre sur les feuilles d'un vieux chêne.

C. subrufus Herbst. — Dans les haies renfermant de jeunes chênes. Autun (R). Mâcon.

C. 4-maculatus L. — Autun (CC), sur des orties. Mâcon. Le Creusot, sur diverses plantes (AC).

C. geranii Payk. (*exiguus* Ol.). — Très commun, en fauchant l'été sur les herbes des prairies. Autun, Mâcon, Le Creusot (AR). Digoin ! (Frère Augustalis).

Ceuthorynchus Germ.

Insectes de petite taille à couleurs sombres, rarement relevées par quelques taches ou bandes, qui vivent sur les feuilles et les fleurs d'un grand nombre de végétaux. On les prend l'été en promenant le filet sur les herbes des prés, procédé qui rapporte beaucoup, mais qui a l'inconvénient de ne pas nous faire connaître les plantes qui nourrissent nos captures. Aussi, pour ce genre nombreux, les détails de mœurs, d'habitat font souvent défaut.

C. floralis Payk. — Assez commun dans les jardins, sur la bourse à pasteur, *Capsella bursa pastoris*. Le Creusot, Autun (AR).

C. echii F. — Commun l'été, sur l'*Echium vulgare*, dont la racine est perforée par les larves; à l'automne, l'insecte se blottit au pied de la plante, sous les feuilles et contre la racine (C). Le Creusot, Autun. St-Julien, commun sur les haies. Digoin ! (Frère Augustalis).

C. suturalis F. — En battant les haies aux mois de mai et septembre; je le trouve assez fréquemment l'hiver au pied de thuyas, sous les feuilles desséchées (AC). Digoin ! (Frère Augustalis).

C. pumilio Gyll. — (AR). J'ai trouvé la var. *posthumus* Germ. en fauchant, au mois de mai, sur les pelouses, dans mon jardin.

C. troglodytes F. — Autun (CC), en fauchant au mois de mai dans les prés. Le Creusot (C). Mâcon.

C. albosignatus Gyll. — Sur les orties, en juin, juillet (C). Le Creusot, Autun.

C. frontalis Bris. — Marmagne ! (R).

C. contractus Marsh. — Sa larve vit dans des galles des racines du *Sinapis arvensis*. Autun (R). En fauchant, au mois de mai. Mâcon.

C. cochleariæ Gyll. (*atratulus* Gyll.). — Autun (AR). Sur les haies vives, en juillet. Assez commun sur les plantes des bords d'un ruisseau, dans un pré de Pont-l'Evêque. Mâcon, Le Creusot.

C. asperifolarium Gyll. — Très commun l'été, sur les orties. Autun, St-Julien. St-Maurice-les-Couches (Marchal).

C. macula-alba Herbst. — Mâcon (Guérin).

C. rugulosus Herbst. — Les Revirets, près Autun, en novembre et décembre, sous des détritus de forêts.

C. campestris Gyll. — En fauchant sur les herbes d'un pré, au mois de juillet (R).

C. nigrinus Marsh. — Mâcon (Guérin).

C. pyrrhorynchus Marsh. (*pulvinatus* Gyll.). — Mâcon (Guérin).

C. melanarius Steph. — Mâcon (Guérin).

C. syrites Germ. — Id.

C. napi Germ. — La larve ronge les tiges des colzas et des choux, et l'insecte paraît en juillet; Autun (C). Mâcon.

C. nanus Gyll. — Mâcon (Guérin).

C. rapæ Gyll. — Mâcon (Guérin).

C. marginatus Gyll. (*punctiger* Gyll.). — Mâcon (Guérin). Autun, sous détritus végétaux.

C. 4-dens Panz. — Mâcon (Guérin); Autun, sur les haies des jardins, au mois d'août (CC).

C. quercicola Payk. (*grypus* Herbst.). — Les Revirets, sous détritus, l'hiver.

C. picitarsis Gyll. — Mâcon (Guerin).

C. chyrsanthemi Germ. — (AR). Epinac ! en fauchant dans les prés, au mois de juillet.

C. pollinarius Forst. — Assez commun l'hiver, sous les feuilles au pied des arbres. Autun, Mâcon. St-Maurice-lès-Couches, au mois d'avril, sur *Tussillago petasites*.

C. assimilis Payk. — Il introduit ses œufs et ses larves dans les siliques de navette et de colza, et les graînes sont dévorées. Autun, trop commun ; Le Creusot (AR).

C. denticulatus Schrk. — Trouvé accidentellement au mois de septembre, sur une porte de jardin, près d'une haie (R).

C. setosus Bohm. — (AR).

C. picitarsis Gyll. — (AR). Autun, Le Creusot.

C. sulcicollis Gyll. — La femelle pique le haut de la graîne des navets et dispose autant d'œufs qu'elle fait de trous ; elle s'attaque également aux choux, mais plus rarement. Mâcon, Le Creusot, en mars et avril.

C. ericæ Gyll. — Assez commun en mai et juin, en battant les bruyères. Autun, bois des Revirets, de Varennes, de la Feuillée. Mâcon ! (Guérin).

C. ferrugatus Perr. — La Porolle, près Autun, en fauchant au mois de mai, dans un pré humide (Dauvergne et Fauconnet).

C. erysimi F. — Le Creusot, sur plantes aquatiques (R).

C. chalibæus Germ. — En fauchant au mois de mai, sur les hautes herbes des prés. Epinac (R). Les Revirets !

Poophagus Sch.

P. sisymbrii F. — Sur des plantes aquatiques, aux bords de l'étang de Torcy et dans des détritus recueillis sur les bords du même étang. Le Creusot (R). Chalon, dans les inondations (Peragallo).

Tapinotus Sch.

T. sellatus F. — Autun (R). (Abbés Lacatte et Cornu).

Phytobius Sch.

P. notula Germ. (*4-tuberculatus* F.). — Le Creusot, sur les houblons. Autun (R), en fauchant sur les bords de l'étang de Chantal. Juin, juillet.

P. quadricornis Gyll. — Le Creusot, rare.

24ᵉ FAMILLE RAMPHIDÆ.

Ramphus Clairv.

R. flavicornis Clairv. — Sous l'aubépine, le peuplier, le bouleau, et surtout en fauchant sur les graminées, au mois de juin ; l'hiver, sous les écorces de platanes (AC). Autun. Le Creusot, Mâcon ! Digoin ! (Frère Augustalis).

25ᵉ FAMILLE CORYSSOMERIDÆ.

Coryssomerus Sch.

C. capucinus Beck. — Le Creusot, sur plantes diverses. Autun, sous détritus d'inondations de l'Arroux, au mois de février. Un seul exemplaire.

26ᵉ FAMILLE ORCHESTIDÆ.

Orchestes Illig.

O. quercus L. — Sur l'aune et surtout sur le chêne, toute l'année; l'été, sur les feuilles, l'hiver, sous les écorces ou dans la mousse, au pied ou autour des arbres (CC).

O. rufus Ol. — Commun sur les ormes, en juin, et l'hiver, sous les écorces.

O. alni L. — Sur les aunes et surtout les ormes; juin (AC). Autun, St-Julien.

O. segetis de G. — (C).

O. fagi L. — Très commun partout, sur les hêtres, l'été. Si l'insecte était très nombreux, il pourrait nuire à ces arbres, en les dépouillant de leurs feuilles, car la femelle dépose ses œufs dans le parenchyme, et les larves s'en nourrissent. L'*O. luteicornis* Chevr., ne serait qu'un *Fagi*, à pubescence dorsale usée (Bedel).

O. irroratus Ksw. — Le Creusot (R). La localité me paraît douteuse; ne viendrait-il pas du Var?

O. erythropus Germ. — Sur des saules, au mois de juillet (R). Le Creusot. Autun.

O. populi F. — Très commun l'été, sur les peupliers et les saules. Le Creusot. Autun, les Rivières, Pont-l'Évêque, dès le mois d'avril.

O. avellanæ Donov. — Le Creusot, sur haies et taillis (R). Marmagne!

O. scutellaris F. — Autun, En battant les haies vives, rare.

O. stigma Germ. — Dans les clairières des bois, en juin et juillet (AC). Marmagne! Autun. Curgy! mois de mai.

O. decoratus Germ. — Autun, Collection de M. Lacatte. Le Creusot (Cartier).

O. salicis L. — L'été, sur les osiers, les saules (C). Autun, Le Creusot, Mâcon.

27e FAMILLE CRYPTORHYNCHIDÆ.

Chryptorhynchus Illig.

C. lapathi L. — Sur *Iris Pseudoacorus* et dans les plaies faites aux jeunes peupliers par les larves des *Cerambyx* (Marchal). Le Creusot (AC). Autun, en battant des haies sèches, à l'automne; bois d'Ornez! Digoin, au pied d'un saule, dans une prairie humide, au mois de juin (Pierre). On trouve généralement cet insecte sur les saules, les aunes et les diverses espèces de peupliers, et sa larve creuse des galeries sinueuses, profondes dans les troncs de ces arbres. C'est un insecte dangereux pour les pépinières de peupliers ou pour les jeunes sujets plantés à demeure. Il éclot fin juillet, ou au commencement d'août.

Acalles Sch.

A. abstersus Bohm. — Sous les feuilles et les mousses de la châtaigneraie des Revirets, l'hiver (AC).

A. turbatus Bohm. — Même habitat (C). Le Creusot, sous des écorces. St-Maurice-lès-Couches, sur les lierres des arbres au mois de mai, très commun (Marchal).

A. Aubei Bohm. — Le Creusot (RR); un seul exemplaire. Deux sujets trouvés sous des écorces, au mois de septembre, à Anost, par M. Marchal (R).

Orobitis Germ.

O. cyaneus L. — Mâcon! (Guérin), rare.

28e FAMILLE BARIDIDÆ.

Baridius Sch.

B. chloris F. — Dans les colzas au printemps; la larve vit dans la mœlle de la plante (R).

B. artemisiæ Herbst. — Sur racines de choux; au mois de décembre, dans le creux d'un noyer (AR). Le Creusot.

B. T-album L. — Autun (C), Mâcon (AR). Le Creusot.

B. cœrulescens Scop. — Mâcon (Guérin) (CC). Le Creusot, commun d'avril à juin, sur les murs et les pieux exposés au soleil. Digcin! (Frère Augustalis). Autun, sous détritus d'inondations de l'Arroux, au mois de mars.

B. cuprirostris F. — Le Creusot (R).

B. laticollis Marsh. — Autun (R). Mâcon. Digoin ! (Frère Augustalis).

B. chlorizans Germ. — Au printemps, sur toutes espèces de choux (AC). Autun, Mâcon. Le Creusot, commun au printemps ; se trouve avec le *cærulescens*.

B. picicornis. Marsh. — Mâcon (Guérin).

B. morio Bohm. — Commun en juin, juillet, août, au pied des *Reseda luteola L.* (gaudes), dont la larve dévore les racines. Le Creusot.

29e FAMILLE CALANDRIDÆ.

Sphenophorus Sch.

S. opacus Gyll. — Le Creusot, à terre, dans les lieux sablonneux, sur les routes.

S. mutilatus Laich. — Mâcon (Guérin).

S. abbreviatus F. — A terre, dans des champs sablonneux. Le Creusot (R).

Calandra Clairv.

C. granaria L. — Seule espèce du genre, originaire d'Europe. C'est un insecte funeste qu'on trouve sur les murs et dans les fentes des planchers des greniers, des granges et des magasins de blé, où il multiplie quelquefois, en nombre prodigieux et cause des dommages considérables. Les autres céréales ne souffrent pas de ses attaques. L'insecte fait moins de tort que sa larve. A l'entrée de l'hiver, les charansons quittent les grains et se réfugient dans les fentes, les trous, sous les toitures, et reparaissent au printemps ; les générations se succèdent sans interruption pendant l'été et l'automne, et comme conséquence, les dévastations.

C. oryzæ L. — Originaire des Indes Orientales et importé en France dans le riz avarié et même dans le maïs. M. Cartier l'a trouvé en quantité dans un sac de riz, au Creusot.

30e FAMILLE COSSONIDÆ.

Dryophthorus Sch.

D. limexylon F. — Sous écorces de tilleuls (R).

Cossonus Clairv.

C. linearis F. — Dans les souches de peupliers en décomposition ou sous leurs écorces (R). Autun, collection de M. Lacatte. Le Creusot (R), un exemplaire, sous écorces d'un chêne mort. St-Julien, pris en nombre au mois de juin, dans le trou d'un vieux peuplier (Pierre). Digoin! (Frère Augustalis).

C. cylindricus Shalb. — Marcigny-sur-Loire, collection Cartier.

Rhyncolus Creutz.

R. punctulatus Bohm. — Le Creusot, dans des plaies de chênes (R). Autun (R).

R. truncorum Germ. — Sous écorces des conifères. Le Creusot.

R. cylindrirostris Ol. — Dans des plaies de chênes (R). Le Creusot.

14e TRIBU. — LIGNIVORES.

Cette tribu renferme les insectes les plus nuisibles aux arbustes et surtout aux arbres; ils pénètrent ou dans la partie interne de l'écorce, ou dans le bois, dans la tige et quelquefois dans les plus minces rameaux. Ils s'attaquent aux conifères, aux amentacées, aux ulmacées, aux arbres fruitiers. Le *Tomicus typographus*, entre autres, est un des fléaux les plus redoutables des grandes forêts de sapins du nord de l'Europe.

1re FAMILLE HYLESINIDÆ.

Hylastes Er.

— *H. ater* Payk. — Commun au printemps sur les conifères malades ou abattus. Avril à septembre. Autun, bois de sapins d'Ornez. Le Creusot (CC). St-Julien, sur souches de pins, en avril (CC).

— *H. cunicularius* Er. — De juin à fin juillet, sur l'*Abies excelsa.*

— *H. attenuatus* Er. — Le Creusot, pris en mai, sous écorces de pins.

— *H. angustatus* Herbst. — Sur pins sylvestres et épiceas, malades ou abattus. Le Creusot (C).

— *H. opacus* Er. — Sur *Pinus sylvestris*; il attaque plutôt les racines. Autun (C). Le Creusot, sous écorces de pins (R).

— *H. trifolii* Müll. — Sur *Trifolium pratense*, sur les genêts, de mars à août. Autun (C). Le Creusot, sur le linge blanc que l'on fait sécher sur les haies et sur le trèfle, à l'automne (R). Mâcon.

H. palliatus Gyll. — Sur l'épicea et surtout sur les pins et mélèzes, de juin à septembre (R).

Hylesinus Er.

— *H. fraxini* F. — Sur *Fraxinus excelsior*, de mars à septembre (AC). Autun. Le Creusot, commun en avril et mai, sous les écorces de frênes; pris en septembre sur le trèfle. Mâcon. M. Marchal a trouvé au Creusot la variété *varius* F.

— *H. vittatus* F. — Sur des thuyas, dans mon jardin au printemps.

Hylurgus Latr.

— *H. ligniperda* F — Sous écorces de pins morts (C). Le Creusot. Autun, bois d'Ornez

Blastophagus Eich.

B. piniperda L. — Sur les conifères, dans les forêts de pins, de janvier à septembre (CC). Autun, Bois de pins d'Ornez et des Revirets. Le Creusot.

Phlæosinus Chap.

P. thuyæ Perr. — Sous écorces de genévrier mort, mois d'avril (AR). Mesvres (Marchal et Fauconnet).

2e FAMILLE SCOLYTIDÆ.

Scolytus Geoff.

S. destructor Ol. — Sous écorces d'orme (*ulmus campestris*), de charme, aune et saule, d'avril à juillet (C). Je l'ai trouvé souvent l'été dans les bûchers. Les *Scolytus* n'attaquent pas les conifères.

S. multistriatus var. *ulmi* Red. — Même habitat (AR).

S. pygmæus Herbst. — Sous écorces de vieux ormes (AR). Autun, Le Creusot.

S. intricatus Ratz. — Sous écorces de chênes affaiblis, d'ormes, de châtaigniers, de peupliers, de mai à août (R); quelquefois on le trouve dans les bûchers. Autun, Le Creusot (Cartier).

S. rugulosus Ratz. — Sous écorces d'arbres fruitiers malades, pruniers, pommiers, abricotiers, cerisiers, sorbiers, d'avril à octobre (R).

S. carpini Er. — Sur le charme (AR). Autun. Cluny (Cl Rey).

3e FAMILLE TOMICIDÆ.

Xyloterus Er.

X. lineatus Ol. — Sur sapins, épiceas, au mois de juin, en battant ces arbres au parapluie (AC). Autun. Le Creusot (Cartier).

Crypturgus Er.

C. pusillus Er. — Sous les écorces de pins (AC). Autun. Le Creusot, sous écorces d'une souche de pin (RR).

Cryphalus Er.

C. tiliæ Panz. — Sur le tilleul, le charme, de mai à juillet. Cluny (Cl. Rey). M. Rey l'a trouvé également sur l'*Althæa*.

C. abietis Ratz (*tiliæ* Gyll.). — Le Creusot, pris deux fois sous des écorces de pins bien détachées et envahies par des cryptogames.

Tomicus Latr.

T. stenographus Duft. — Saus écorces de pins malades ; cet insecte ne fréquente que les écorces attenant fortement au bois (Marchal). Le Creusot (C). Autun.

T. laricis F. — Sur pins sylvestres, sur les mélèzes, quelquefois, sur epiceas et sapins, de juin à septembre (C). Autun. Le Creusot.

T. suturalis Gyll. — Le Creusot, rare.

T. bidens F. — (R). Sur les pins, l'été.

T. bispinus Ratz. — Sous des écorces de poiriers morts, mai, juin. Brion, près Autun (AC). Mâcon. Le Creusot, St-Maurice-lès-Couches, très csmmun en automne, dans les haies, sur la clématite.

T. typographus L. — Insecte exclusif aux sapins; on le trouve surtout dans les barrières de champs, faites avec de jeunes sapins (AR).

T. cembræ Heer. — Autun, rare.

Dryocœtes Eich.

D. villosus F. — Sur le chêne et le châtaigner, quelquefois sur le cerisier, de février à octobre. Autun (C). Mesvres ! Le Creusot.

D. bicolor Herbst. — Sous écorces de chênes et de hêtres, de mars à septembre (C). Autun, Le Creusot.

D. autographus Ratz. — Sur epiceas,. de mai à août (C). Autun. Le Creusot.

Xyleborus Eich.

X. dispar F. — Très commun, d'avril à septembre, sur arbres malades : chênes, châtaigners, érables, acacias. Autun. Le Creusot. Digoin ! (Frère Augustalis). Le mâle est beaucoup plus petit que la femelle, et bien plus rare.

X. dryographus E. — Sur chênes et châtaigners, de mai à octobre (AC). Autun, Le Creusot. Cluny (Cl. Rey).

X. monographus F. — Sous écorces de chênes, châtaigners, quelquefois de pins (Ravoux), d'avril à décembre. Cluny (Cl. Rey). Autun (AC). Le Creusot (C).

X. Saxeseni Ratz. — Sous écorces de châtaigners morts, de hêtres, de peupliers, d'arbres fruitiers et de quelques conifères, de février à août (AR). Autun, Le Creusot, Mâcon.

Thanmurgus Eich.

T. Kaltenbachi Bach. — Dans les tiges de *Lamium album*, d'*Origanum vulgare*, *Teucrium scorodonia*, *Betonica officinalis*, au mois de juin. Tournus (Cl. Rey).

Taphrorychus Eich.

T. Bulmerinequi Kolen. — Sous écorces de chênes et plus rarement du hêtre, du châtaigner et du lierre, de janvier à octobre. Cluny (Cl. Rey).

4e FAMILLE PLATYPIDÆ.

Platypus Herbst

P. cylindricus F. — Sous écorces de chênes, d'avril à octobre (R). Autun, Le Creusot. Mesvres! au mois de mai, très commun sur troncs de châtaigners abattus; il faut saisir l'insecte quand il se promène sur l'écorce; dès qu'il a peur, il rentre rapidement, la tête la première, dans les trous qu'il a perforés dans le bois. Ces trous verticaux n'ayant que juste la grosseur de l'insecte, il ne peut en ressortir qu'à reculons (Cartier et Fauconnet). St-Julien! (Sandre).

15e TRIBU. — LONGICORNES.

Les *Longicornes* comptent parmi les plus beaux coléoptères, par l'élégance de leur forme allongée et souvent la richesse et l'éclat de leur coloration. On les trouve sur les fleurs, surtout celles en ombelles et en épis; sur les bois, dont l'intérieur a servi à nourrir leurs larves. Les chantiers sont un excellent lieu de chasse des Longicornes. Les larves qui sont généralement d'une grande taille, sont fort nuisibles aux arbres et entraînent souvent la perte de ceux dans lesquels elles creusent d'énormes galeries. Comme auxiliaires contre ces ennemis, nous avons les pies et les grimpereaux, les fourmis ligniperdes et les ichneumoniens, qui pondent dans leurs corps, des œufs d'où naîtront des larves carnassières. (M. Girard).

1re FAMILLE PRIONIDÆ.

Prionus Geoff.

P. coriarius L. — Sous des souches de chênes, dans lesquelles vit la larve (Pic); l'insecte ne sort que le soir. Le Creusot. Sous des souches de châtaigners, route de St-Prix à Roussillon, mois de juillet.

Ægosoma Serv.

Æ. scabricorne Scop. — Cette espèce habite les vieux troncs des tilleuls, marroniers, ormes, charmes, noyers, etc. Elle se tient cachée le jour dans l'intérieur des troncs et ne sort qu'à la nuit; on peut la chasser à la lanterne. On la prend quelquefois le matin, par temps humides et couverts, de mai à septembre (AR). Autun: Collection de M. Lacatte. Digoin (Pic). Mâcon, Peragallo. Issy-l'Évêque, à terre, après un orage (Decœne). St-Julien (Pierre), Epinac (Hédin). Semur, trouvé une seule fois dans le tronc d'un charme (A. Martin).

2e FAMILLE CERAMBYCIDÆ.

Cerambyx L.

C. miles Bon. — Sur le chêne (RR) Issy-l'Évêque : (Decœne).

C. velutinus Brüll. — Sur les chênes (AR). Juin, juillet, août; il vole surtout le soir. Le Creusot.

C. scopolii Leach. — Dans les haies et les jardins, sur les pommiers, l'aubépine, les spirées et autres fleurs en corymbes et en ombelles. Sa larve ronge les racines du groseiller à fruits rouges. Juin, juillet, très commun partout. Le mâle n'a quelquefois que la moitié de la grosseur de la femelle.

C. cerdo L. — Commun sur les chênes; sa larve vit dans le tronc de ces arbres. Juin, juillet. Mâcon, St-Julien, Digoin (Pic). Autun, les Rivières, sur vieux chênes, au bord des des ruisseaux.

Aromia Serv.

A. moschata L. — Commun partout l'été, sur les vieux saules, les fleurs en ombelles; son odeur d'essence de roses un peu musquée, trahit sa présence.

Purpuricenus Serv.

P. Kœhleri L. — Dans les vignes, sur les petits cerisiers, à à Mercurey (Peragallo). Mâcon, très commun sur les fleurs et les arbres fruitiers (Guérin). On prend à Digoin toutes les variétés (Pic). Le Creusot (RR); La larve vit dans les saules et les vieux pieux. Epinac! (Hédin). La variété *Servillei* Serv. a été trouvée à Mâcon par M. Guérin.

Rosalia Serv.

R. alpina L. — Ce magnifique longicorne est parfaitement acclimaté dans Saône-et-Loire, où il se propage d'une manière constante; il est même peu rare à Semur et dans les environs, où pendant neuf ans, je l'ai vu prendre presque chaque année et parfois en grand nombre, On le trouve en juin et juillet, dans les endroits frais, sur le tronc des arbres, les fleurs d'oignon et de carottes. Sa larve vit et opère ses métamorphoses surtout dans le chêne, où je l'ai vu prendre. Je ne l'ai jamais rencontré sur le hêtre, où il vit cependant dans les Alpes. (Abbé Viturat). Semur-en-Brionnais août (AR). (Pic). M. A. Martin l'a trouvé également à Semur-en-Brionnais, sur le tronc d'un charme, dans la cour de sa maison.

3e FAMILLE CALLIDIDÆ.

Rhopalopus Mls.

R. clavipes F. — Sur des arbres fruitiers. Juin, juillet (AR). Digoin (Pic). J'en ai pris un exemplaire dans une toiture en chaume, à La Chapelle-sous-Uchon (R). La larve vit dans le saule.

R. femoratus L. — Commun à Mercurey, sur les échalas de vignes (Peragallo). Le Creusot, sur des troncs de châtaigners cariés, en juin (R). Semur, sur des chênes, en juin, juillet (Pic).

Pyrrhidium Fairm.

P. sanguineum L. — Commun dans les chantiers, dans les maisons, sur les bois de chauffage, d'avril à juillet. On a observé que cet insecte pouvait perforer des plaques de plomb. Sa larve vit dans l'aubier du chêne et on voit souvent l'insecte éclore au printemps dans les appartements. Autun, Mâcon, Le Creusot.

Callidium F.

C. violaceum F. — Autun, dans mon jardin (R). Montceau-les-Mines, dans un chantier (Viturat). St-Julien, sur des sapins coupés (Sandre). La larve vit dans les sapins.

C. rufipes F. — Assez rare partout. Un exemplaire pris au bois de la Côte, à Semur, sur le tronc d'un vieux chêne. Sa couleur est plus foncée que celle des exemplaires de Lyon (Abbé Viturat). Environs d'Epinac! en fauchant dans un pré, au mois de juin. St-Julien, sur des haies, au mois de mai (Pierre). Digoin, deux ou trois exemplaires capturés l'été (Pic).

Pœcilium Fairm.

P. alni F. — Assez commun au mois de juin, sur les aunes qui bordent la rivière, route d'Autun à Epinac. Sur les barrières des champs faites de branches d'aunes, à Ornez (Abbé Cornu). Digoin (Pic). St-Julien (Pierre). On rencontre quelquefois cet insecte sur les chênes. Digoin! (Frère Augustalis).

Phymatodes Mls.

P. variabilis L. — Aucun insecte ne présente des couleurs et des nuances aussi différentes. La larve vit dans le chêne et le hêtre et on trouve l'insecte parfait sur les fleurs, les bois et souvent dans les maisons. Il est commun partout.

Hylotrupes Serv.

H. bajulus L. — Espèce malheureusement trop commune; sa larve vit dans le pin et le sapin et souvent elle ronge les bois et meubles de nos maisons, où se trouve l'insecte parfait. Il présente de grandes différences de taille et de nuance.

Tetropium Kirb.

T. luridum Er. — Habite ordinairement les forêts de sapins des hautes montagnes; très rare dans le département. A été trouvé dans un chantier à Montceau-les-Mines (Abbé Viturat).

Asemum Esch.

A. striatum L. — Dès le mois de mai, sur les troncs de pins, où la larve habite. Le Creusot (R). St-Julien, Digoin (RR) (Pic). A Autun, la var. *agreste* domine spécialement (Abbé Viturat).

Criocephalus Mls.

C. rusticus L. — Essentiellement crépusculaire, il vole le soir près des maisons dans la construction desquelles entrent le pin et le sapin, ses bois favoris; son vol est lourd, on le prend assez facilement. Commun à St-Denis, près St-Agnan, à Digoin. Juillet, août (Abbé Viturat). Bois d'Ornez, près Autun, un exemplaire sous écorces de pins (RR). Le Creusot (R). St-Julien (Pierre). Digoin, pris au vol (C) (Pic).

Hesperophanes Mls.

H. cinereus de Will. — Insecte nocturne qui se prend au vol avec une lumière. On le trouve parfois en nombre dans les greniers, sous les vieux bois. Juin à septembre. Semur, Digoin (Abbé Viturat). Sur arbres morts, en juin, juillet, Autun, Semur, Digoin (AR) (Pic). Dans les environs de Chalon, la larve se nourrit de peuplier.

4e FAMILLE CLYTIDÆ.

Plagionotus Mls.

P. detritus L. — Sur les chênes, où vit la larve, l'été. Je l'ai obtenu de larves trouvées à Ornez, sous des écorces d'aunes (AR). Digoin, sur des fleurs (R) (Pic).

P. arcuatus L. — Sur les fleurs, sur les bois de chêne mort ou vivant, souvent dans les chantiers ; assez commun l'été. Autun. Le Creusot, sur tas de bois et fagots. Digoin (Pic). St-Julien (Pierre).

Clytus Laich.

C. floralis Pall. — Collection de M. Lacatte (RR).

C. antilope Illig. — Digoin, sur des fleurs (RR) (Pic).

C. liciatus L. — Sur les peupliers morts ou abattus, où la larve habite. Juin juillet (AC). Digoin (Pic). St-Julien, sur une barrière (Pierre). Autun, bois de la Feuillée.

C. tropicus Panz. — Autun, collection de M. Lacatte. Digoin, sur des fleurs (R) (Pic).

C. arietis L. (*gazella* F.). — Sur les fleurs en ombelles, les haies au bord des bois, pendant l'été ; se trouve très souvent dans les chantiers. Sa larve vit dans les jeunes tiges et les branches de chêne, orme, pommier. Le Creusot (CC). Autun, sur bois de chauffage empilé. Mâcon, St-Julien, Digoin (Pic).

C. Hertsti Brahm. — Semur, sur des tilleuls (R) (Pic).

C. gazella Muls. (*rhamni* Germ.). — Assez commun sur les ombellifères, l'été. Autun, en battant des haies au mois de mai. Le Creusot. St-Julien, sur des chênes (Pierre).

C. Massiliensis L. — Pas rare l'été, sur les ombellifères, sur les fleurs de mille-feuille. Paris-l'Hôpital ! Couches-les-Mines ! Autun, Le Creusot, Mâcon. St-Julien, La var. *roseicollis* Dgz. existe dans la collection de M. Lacatte.

C. arvicola Ol. — Digoin, sur des fleurs, en juin, juillet, (AR) (Pic).

C. trifasciatus F. — Mâcon (Guérin).

C. plebeïus F. — Sur les haies, les fleurs de ronces et les ombellifères, l'été (AR). Autun, Le Creusot, Mâcon, St-Julien (Pierre).

C. glabromaculatus G. — Dans les maisons, sur le bois à brûler, sur les arbres, les fleurs, les haies, printemps et été (AC). Sa larve attaque le bouleau, le noyer et divers arbres des jardins. Autun, St-Julien, Mâcon, Le Creusot, Digoin (Pic).

Anaglyptus Mls.

A. mysticus L. — Commun en juin sur les fleurs d'aubépine, de spirée; la larve perfore le hêtre. Autun. Le Creusot, plaies des arbres et fleurs de valériane. St-Julien (Pierre). Digoin, sur les haies, au printemps (Pic).

5e FAMILLE NECYDALIDÆ.

Obrium Serv.

O. cantharinum L. — Se prend au vol le soir, près des maisons et dans les chantiers, où je l'ai vu voler en assez grand nombre. Sa larve vit dans le tremble et autres bois blancs. Juillet, août (R). Digoin, Autun (Abbé Viturat). Issy-l'Évêque, pris en grand nombre dans une chambre (Decœne). Digoin, dans des chantiers (Pic).

O. brunneum F. — Un exemplaire pris le soir à la lampe. Autun (RR).

Stenopterus Illig.

S. rufus L. — Sur les ombellifères, les fleurs d'oignons, de mille-feuille, en été (CC). Autun, Le Creusot, Mâcon. St-Julien, sur des épis de blé (Pierre). Epinac ! (Hédin).

Gracilia Serv.

G. pygmæa F. — La larve ronge les vieux treillages, les

paniers d'osier, les cercles de tonneaux. L'insecte se trouve dans les maisons et les magasins, quelquefois en très grand nombre. Mai, juin, juillet (CC). Autun, St-Julien, Digoin (Pic).

Leptidea Mls.

L. brevipennis Mls. — Sa larve ronge également les paniers d'osier, qu'elle réduit en poussière; c'est sur ces paniers qu'on trouve généralement l'insecte parfait avec le précédent. Digoin, un exemplaire pris au vol dans un chemin (Abbé Viturat). Digoin, un exemplaire au vol sur les bords du canal (Pierre). Je crois cette espèce rare dans Saône-et-Loire.

Molorchus F.

M. umbellatorum L. — Vers la fin du printemps et pendant l'été, principalement sur les haies et sur les fleurs. Mercurey, dans les vignes (Peragallo). Semur, juin et juillet (AR) (Pic).

Necydalis L.

N. major L. (*ulmi* Chevr.). — La larve vit dans le saule, le tremble et le peuplier. J'ai pris une paire magnifique, accouplée sur un vieux noyer : Semur, 12 juillet (RR) (Viturat). Le Creusot, un exemplaire dans un hêtre creux (RR). Autun, Semur, Charolles (R) (Pic).

6e FAMILLE LAMIIDÆ.

Parmena Latr.

P. fasciata de Vill. — La larve vit dans les rameaux du lierre et on trouve l'insecte en battant cette plante ou les fagots entassés dans les bois. Autun, murs du parc St-Andoche. Août et septembre (AC). Le Creusot, sous l'écorce d'un chêne, en novembre. Digoin, dans des fagots.

— Juin, juillet (Pic). Je l'ai souvent rencontré sous des écorces de platanes, l'hiver. St-Maurice-lès-Couches, Mâcon! St-Julien.

Herophila Mls.

H. tristis L. — Un exemplaire pris dans un chantier, à Montceau-les-Mines; cet insecte provenait peut-être du bois importé de Hongrie et contenant sa larve (Abbé Viturat). Mâcon (Guérin).

Lamia F.

— *L. textor* L. — Insecte nuisible par les trous énormes que ses larves font dans l'aubier et le cœur des saules et osiers sur pied; (CC), tout l'été. Mâcon, Autun. Le Creusot, dans les vieux saules (R). St-Julien, au pied d'un chêne dans un bois, en juin (Pierre).

Morimus Serv

M. lugubris L. — De janvier jusqu'en juillet, sur les souches des arbres (AR). Digoin (Pic). Autun (AC). Le Creusot, sur et sous des pièces de bois (R).

Astynomus Redt.

— *A. ædilis* L. — Automne et printemps sur troncs de pins et de sapins (R). Autun. Semur, Digoin, sur pins coupés, août et septembre (AC) (Pic). St-Julien, sous l'écorce d'un vieux sapin, en avril (Pierre). Le Creusot, capturé en mai, sur le tronc, et en octobre, sous l'écorce, ce qui semblerait prouver que l'espèce a deux éclosions par an (Marchal). D'aprés M. Girard, l'espèce vit un an et la ponte a lieu en août et septembre. Espèce nuisible au pin, dont la larve perfore l'intérieur.

Liopus Serv.

— *L. nebulosus* L. — Dans les maisons, dans les bois de chênes (AC), l'été. Autun. St-Julien, au parapluie dans un bois (Pierre). Le Creusot (R).

Exocentrus Mls.

E. adspersus Mls. — En battant les chênes au parapluie, en juillet et août (AR). Autun, Le Creusot (R), Mercurey (Peragallo). Digoin, dans un bois de chêne, vole l'été à la tombée de la nuit (C) (Pic).

E. lusitanicus L. — Sur les sapins dans les montagnes (Pic). Digoin, Issy-l'Evêque, sur les tilleuls (R) (Decœne).

E. punctipennis Mls. — Issy-l'Evêque (R) (Decœne).

Acanthodores Serv.

A. varius L. — Un exemplaire trouvé sur une pile de bois de bois de chauffage (RR), juillet.

Pogonocherus Latr.

P. ovatus Fourc. — Sous des écorces de châtaigners, en novembre, Petit-Montjeu, près Autun (R).

P. fasciculatus de G. — Digoin, sur des sapins (R) (Pic). Autun, pris un exemplaire dans ma chambre, le soir (R).

P. hispidus L. — Sur les chênes et les clôtures en branches sèches, août et septembre; sous écorces de platanes, l'hiver (AC). Autun, St-Martin, Mâcon. Le Creusot (RR). Digoin, dans des fagots, avec le *P. dentatus*, mais plus rare (Pic). Anost (Marchal).

P. scutellaris M-R. — Digoin (Abbé Viturat). Sur sapins dans des fagots (Pic) (R).

P. *dentatus* Fourcr. — Très commun toute l'année, sur les lierres, les chênes, sous les écorces de platane. Autun, St-Julien, dans la mousse, au pied d'un pommier (Pierre) Digoin (Pic). Anost (Marchal).

7e FAMILLE SAPERDIDÆ,

Albana Mls.

M-A. — gr... Mls. Sur les arbres, juin, juillet, Autun et Semur (R) (Pic).

Mesosa Serv

M. curculionoïdes L. — La larve vit dans le chêne, le peuplier, le noyer, le tilleul. On trouve l'insecte de mai à septembre, sur les arbres morts, quelquefois sur les murs des bois, parcs et grands jardins ; souvent en cassant des branches mortes (AR).

M. nubila Ol. — De mars à août, sous écorces et sur bois morts ; la larve vit dans le chêne, le saule etc. Moins rare que le précédent. Autun, Le Creusot. Digoin, sur des chênes, en été (Pic). St-Julien, sur des haies battues au parapluie (Pierre).

Anœsthetis Mls.

A. testacea L. — Insecte nocturne qui, pendant le jour, se tient fixé aux branches des arbres, ou caché dans les fagots entassés dans les bois, mai à juillet (AC). La larve vit dans les parties mortes des chênes. Autun. Le Creusot (AR), dans les bois. St-Julien, sur les haies au mois de juin (Pierre). Digoin, sur l'orme et même sur des épis de blé. Juin, juillet (AR) (Pic).

Polyopsia Mls.

P. præusta L. — Pas rare au printemps sur poiriers, cognassiers, haies. Autun, Le Creusot, Digoin, Mâcon, St-Julien. La larve habite le chêne, le charme, le poirier,

Anærea Mls.

A. Carcharias L. — Peu commun, de mai à juillet, sur les peupliers. La larve vit dans le peuplier et le tremble et fait souvent de grands ravages dans les jeunes plantations. Autun, Le Creusot, (R), St-Julien, Digoin.

Saperda F.

S. phoca Fræhl. — Un exemplaire au vol, dans un champ, près d'un bois, aux Guerreaux, août (AR) (Abbé Viturat). Digoin, un exemplaire pris au vol, dans un bois (RR) (Pic).

Cette espèce, rare partout, se prend généralement sur le saule marceau.

S. scalaris L. — De mai à juillet, sur les cerisiers, poiriers, noyers. Sa larve est nuisible à ces arbres et surtout aux cerisiers; elle cause de grands dégats dans les pays où on cultive la cerise pour faire le kirsch. Autun, Digoin, sur noyers, cerisiers, juin et juillet (AR), (Pic). St-Julien, au pied d'un bouleau, mois de juin (Pierre).

Compsidia Mls.

C. populnea L. — Assez commun sur les pousses de jeunes trembles, de mai à juillet. La larve est nuisible aux peupliers, trembles et saules. Autun; Mesvres! (Cartier); Le Creusot; Digoin; St-Julien; Mâcon.

Stenostola Redt.

S. ferrea Schrk. — Autun, Semur (AC): Juin, juillet (Pic).

Oberea Mls.

O. oculata L. — Sur les saules, en juin, juillet, août (R). La larve vit dans l'osier et le saule. Autun, Le Creusot. La Tagnière (Cartier). Digoin (Pic).

O. pupillata Gyll. — (AC). Juin, juillet, sur différentes espèces de chèvrefeuilles et surtout sur le *Lonicera tartarica*, qu'il fait souvent périr lorsqu'il ronge à l'état de larve, l'intérieur des branches. Autun, Digoin (Pic). St-Julien, sur des osiers, en juin (Pierre).

O. linearis L. — Dans les bois et jardins, sur les noyers et noisetiers (AC); de juin à août. Autun (Abbé Lacatte). Epinac! (Hédin); St-Julien! (Pierre); Digoin (Pic). La larve vit dans les rameaux de noyers et de noisetiers et est nuisible à ces arbres, dans les bois et les jardins.

O. erythrocephala F. — Sur les euphorbes (R). Collection de M. Lacatte.

Phytæcia Mls.

P. lineola F. — Mai et juin, dans les prés (C); Digoin (Pic).

La nymphe de cet insecte a été trouvée par M. André, dans la racine de millefeuille.

P. ephippium F. — Sur les euphorbes (RR). Autun, collection de M. l'Abbé Lacatte.

P. cylindrica L. — Le Creusot (C). Autun (AR), en juin et juillet (Pic).

P. solidaginis Bach. — Semur, juin, juillet (RR), (Pic).

Opsilia Mls.

O. flavicans Mls. — Digoin, sur l'*Echium vulgare* et la *Cynoglosse* (Abbé Viturat) (R). D'après M. Ganglbauer, cette espèce n'est qu'une variété de la suivante.

O. virescens L. — Assez commun l'été sur l'*Echium vulgare*; Curgy (Abbé Lacatte). Le Creusot, Digoin, St-Julien. La larve de cette espèce passe l'hiver au collet de la racine de l'*Echium*, et se transforme en juin et juillet.

O. molybdæna Dalm. — Sur le *Lithospermum officinale*. Juin, juillet (AR). Digoin, sur la vipérine et la cynoglosse (Abbé Viturat). Curgy (Abbé Lacatte). Le Creusot, un seul exemplaire au mois de juin, rare (Marchal).

Agapanthia Serv.

A. cardui F. — L'été, sur différentes espèces de chardons (R).

A. angusticollis Gyll. — (AC). Juin, juillet. Autun, en battant des haies vives. Le Creusot, sur les orties en fleurs (C). Digoin, sur des orties (AC) (Pic). St-Julien, endroits humides, sur des fleurs de persil, en juillet (Pierre). Mesvres (Cartier).

8e FAMILLE STENOCORIDÆ.

Rhamnusium Latr.

R. bicolor Schrk. (*Salicis* F.). — Sur les saules, peupliers, tilleuls, ormes. La larve vit dans ces arbres et leur est nuisible. Juin, juillet (AR). Autun, Digoin, sur les saules, en juillet (AR) (Pic). St-Julien, sur les ormes (Pierre).

Stenocorus Geoff.

S. *bifasciatum* F. — Sous les écorces de pins et sapins, dans les vieilles souches de châtaigners, quelquefois sur leurs jeunes pousses, sur des bois travaillés, au soleil, l'été. Juin, juillet, août (AR). La larve est nuisible aux forêts de pins et de sapins. Autun, Le Creusot.

La var *Ecoffeti* Muls ne se trouve qu'à Montjeu; (collection de M. l'Abbé Lacatte).

S. *inquisitor* L. — Cet insecte se trouve également sur les bois de pins et de sapins, dans lesquels vit la larve. Assez commun toute l'année. Digoin, Le Creusot, Autun.

S. *mordax* F. — La larve vit dans le chêne et le châtaigner et l'insecte se trouve dans les vieilles souches de ces bois ainsi que dans les pins, été (AC). Autun, Le Creusot. St-Julien ! (Sandre). Digoin, bois de chênes (Pic).

S. *indagator* L. — Sous les écorces et dans les souches de pins et de sapins (AR); tout l'été. Autun. Digoin (Pic). St-Julien (Pierre).

9e FAMILLE LEPTURIDÆ.

Oxymirus Mls.

O. *cursor* L. — Autun, collection de M. l'Abbé Lacatte.

Toxotus Serv.

T. *meridianus* L. — J'ai trouvé cet insecte et la variété B. Muls *(geniculatus)*, dans le parc de St-Martin, à Autun; le premier dans un bosquet, l'autre, sur des graminées (Abbé Viturat). Le Creusot, sur les fleurs de châtaigners (RR). Mâcon (Guérin). Autun, sur les arbres, l'été (AR) (Pic).

Pachyta Serv.

P. clathrata F. — Digoin, sur des fleurs dans les bois (R) (Pic).

Carilia Mls.

C. virginea L. — Autun, collection de M. Lacatte. Epinac ! (Hédin).

Acmæops Le C.

A. collaris L. — Autun, collection de M. Lacatte. Digoin, commun sur les fleurs, l'été (Pic). Epinac ! (Hédin.)

Judolia Mls.

J. cerambyciformis Schrk. — Assez commun l'été, de mai à juillet, sur les fleurs. Autun. Digoin (AR), dans les bois (Pic). Le Creusot, sur les fleurs dans les lieux ombragés, surtout sur *Valeriana officinalis*, plus rarement sur l'églantier.

Leptura L.

L. scutellata L. — Autun, collection de M. l'Abbé Lacatte. Chauffailles, sur les hêtres dans les montagnes (R) (Pic).

L. cincta F. — Sur les ombellifères dans les montagnes. Autun, collection de M. Lacatte.

L. variabilis de G. — Assez commun sur les bois morts, les haies, les fleurs; juin, juillet. Autun, Chauffailles et les environs (Abbé Viturat); St-Julien, sur les haies (Pierre). Chauffailles, dans les bois de sapins (Pic).

L. hastata F. — Sur les ombellifères, en été. Le Creusot (RR). Mâcon (Guérin).

L. fulva de G. — Le Creusot, sur les fleurs de roses, de poiriers (CC). St-Julien, Mâcon. Digoin, (Pic). Autun, très commun au mois de juillet, sur fleurs d'ombellifères et de millefeuille. Digoin (Frère Augustalis).

L. testacea L. — Commun l'été dans les localités peuplées de pins et de sapins. Sa larve attaque les parties mortes de ces bois (Abbé Viturat). Chauffailles (AC) (Pic). Issy-l'Évêque (Decœne).

Vadonia Mls.

V. livida F. — Le Creusot, commun sur les fleurs de ronces rampantes. Digoin, commun partout sur les fleurs (Pic). St-Julien, sur les ombellifères, au mois de juillet (Pierre). Digoin (Frère Augustalis).

Pidonia Mls.

P. lurida F. — Sur les fleurs en été, dans les montagnes (R). Autun. Digoin (AC) (Pic).

Cortodera Mls.

C. 4-guttata F. (humeralis Schall.*)*. — Chalon (Coste).

Anoplodera Mls.

A. rufipes Schall. — En juillet, sur les bois près d'Ornez (Abbé Lacatte) (RR). Digoin, bois humides des montagnes (AR) (Pic). Le Creusot (R).

A. punctomaculata de G. — Autun (R). Collection de M. Lacatte. Digoin, assez commun sur les fleurs, en juin, juillet (Pic).

Strangalia Serv.

S. aurulenta F. — Dans les prés de la Creuse d'Auxy, sur le bord du ruisseau (AR), (Abbé Lacatte). Digoin, commun sur les fleurs, en juillet (Pic). Mâcon (Guérin). St-Julien ! (Sandre).

S. bi-fasciata Müll. — Assez commun partout sur les fleurs d'ombellifères, en juin, juillet.

S. attenuata L. — Digoin, assez rare sur les fleurs en été (Pic). Mâcon (Guérin).

S. revestita L. — Digoin (RR), sur les fleurs, en juin, juillet (Pic). Issy-l'Evêque, sur des ombellifères, rare (Decœne).

S. 4-fasciata F. — Sur un saule, dans un pré, en juillet (AR). Digoin, sur les fleurs dans les montagnes (AR) (Pic). Autun, sur des fleurs de ronces, sur les bords de la rivière du Ternin en juin, peu commun.

S. maculata Poda. — Très répandu partout, en juin, juillet, sur les fleurs, sur l'églantier. Sa larve vit dans le bouleau.

S. atra Laich. — Paray-le-Monial (RR), un exemplaire pris fin juin (Abbé Viturat). Le Creusot (AC). Digoin (AR) (Pic). St-Julien, sur ombellifères, en juillet (Pierre).

S. nigra L. — Commun sur les fleurs en été, Autun, Le Creusot (C); se prend sur les lisières des bois. Digoin (AR) (Pic).

S. melanura L. — Très commun partout, sur les fleurs, en été. Sa larve habite le chêne. Le Creusot; Mâcon; St-Julien; Autun; Digoin.

Grammoptera Serv.

G. ustulata Schall. — Digoin, commun sur les fleurs dans les montagnes, l'été (Pic).

G. ruficornis F. — Très commun partout, à partir du mois de mai, sur les haies vives, sur les fleurs, dans les prés. Sa larve vit dans l'*Althæa*, dans le lierre.

G. lævis F. — Le Creusot (R), sur les ombellifères.

G. tabacicolor de G. — Assez commun, au mois de juin, dans les bois d'Antully, sur des fleurs en ombelles.

16e TRIBU. — HERBIVORES.

1re FAMILLE DONACIDÆ.

Ces insectes, qui ressemblent beaucoup à des *longicornes*,

forment le passage naturel entre cette famille et les *herbivores*. Les Donacies offrent de belles couleurs métalliques et sont recouvertes en dessous d'un épais duvet soyeux, destiné à empêcher l'action de l'eau dans la quelle elles tombent souvent par accident. Elles ne vivent, en effet, que sur les plantes qui sortent plus au moins de l'eau, ou sur celles qui croissent dans les prés humides qui bordent les ruisseaux et les rivières.

Donacia F.

D. reticulata Gyll. — Autun, collection de M. Lacatte.

D. lemnæ F. — Autun, dans les prés des bords de l'Arroux, en juin, juillet (AR). Le Creusot, trouvé plusieurs variétés sur des plantes aquatiques et surtout sur les *Sparganium* (C). Mâcon. St-Julien, au mois de juin. Digoin ! (Frère (Augustalis).

D. sagittariæ F. — Assez commun au mois de juin, sur les bords de l'Arroux. Autun, Mâcon, St-Julien.

D. sericea F. — L'espèce la plus variée de couleurs ; elle passe du bleu clair au violet ou au bronzé obscur par toutes les nuances intermédiaires imaginables (CC). Autun, Mâcon. Le Creusot, sur plantes des marais (C). Digoin ! (Frère Augustalis).

D. dentipes F. — Autun (AR). Le Creusot (AC).

D. linearis Hope. — Mâcon (Guérin). Autun.

D. discolor Hope. — Autun, assez commun en juillet. Le Creusot (AC). Digoin ! (Frère Augustalis).

D. hydrochæridis F. — (RR). St-Julien, au mois de juin (Pierre). Autun, sur les bords du ruisseau de la Creuse d'Auxy, en juillet.

D. dentata Hope. — Mâcon (Guérin).

D. braccata. Scop. — St-Julien, sur les joncs, au mois de juin.

D. semicuprea Panz. — Digoin ! (Frère Augustalis).

2e FAMILLE CRIOCERIDÆ.

Zeugophora Kunze.

Z. subspinosa F. — Autun (R). Collection de M. Lacatte. Le Creusot, sur céréales (AR).

Lema F.

L. cyanella L. (puncticollis Curt.*)* — Très commun l'été sur un grand nombre de plantes, quelquefois sous les pierres et sur les écorces. Autun, Le Creusot (CC). On le trouve souvent l'hiver dans la mousse des saules. Mâcon.

L. melanopa L. — Aussi commun que le précédent. Sur les graminées, les céréales, les haies, l'été; et l'hiver, sous les écorces de platanes. Autun, Le Creusot (CC). Mâcon.

L. Erichsoni Suffr. — St-Julien ! (Sandre), un seul exemplaire. Cet insecte, assez commun à Dijon, paraît très rare dans notre département.

Crioceris Geoff.

C. merdigera L. — Très commun partout, l'été, sur les divers lis des jardins, surtout les lis blancs. L'insecte et la larve sont nuisibles à ces plantes.

C. brunnea F. — Se trouve au mois de juin sur les muguets, (AR). Le Creusot (RR).

C. 12-punctata L. — Très commun ainsi que le suivant sur les feuilles aciculaires des asperges. Autun, Le Creusot, Mâcon. St-Maurice-lès-Couches, sur le sainfoin (Marchal).

C. asparagi L. — Très commun partout à partir de juin, et l'hiver, sous les détritus, les écorces d'arbres, dans les jardins où il existe des asperges.

3e FAMILLE CLYTRIDÆ.

Clytra Laich.

C. salicina Scop. — Sur diverses plantes, dans le gazon, sous les pierres et sous les écorces, à l'arrière-saison (C). Le Creusot (C). St-Julien, sur les haies, au mois de juin.

C. 4-punctata L. — Sur les chênes, les noisetiers, les aubépines, les bouleaux, en juin, juillet; Autun (R). Le Creusot (C). St-Julien, à la lisière des bois.

C. affinis Illig. — Sur les saules, les haies, en juillet (AC).

C. tridentata L. — Bois de Curgy, au mois de mai (R).

C. musciformis Schn. — Le Creusot, sur des taillis de chênes, au mois de mai, sur les orges, les blés (C).

C. cyanicornis Germ. — Le Creusot, dans les bois (C).

C. longimana L. — Le Creusot, commun, sur les céréales. St-Julien, sur les haies au mois de juin. Digoin! (Frère Augustalis).

C. prima Schæff. — Sur les saules, au mois de juillet. Mâcon. Epinac! (Hédin).

C. bucephala F. — Chalon, en fauchant dans les prairies (Peragallo).

C. scopolina F. — Le Creusot, collection Cartier.

C. lucida Germ. (*axillaris* Lacd). — Cheilly, au mois de mai, en fauchant sur le bord des routes.

Lamprosoma Kirb.

L. concolor Stur. — Dans les mousses, sous les pierres, endroits frais; Autun (AR). Le Creusot (R). St-Julien, sur les haies, au mois de juin. St-Maurice-lès-Couches, au mois d'avril (Marchal).

4e FAMILLE CRYPTOCEPHALIDÆ.

Cryptocephalus Geoff.

C. cordiger L. — Autun (AC), sur les buissons, les haies, La Gravetière, en fauchant dans un champ de trèfle.

C. ocellatus Drap. — Le Creusot (AR), sur les saules. Digoin! (Frère Augustalis).

C. phaleratus Schal. — Autun (R) (Abbé Cornu).

C. coryli L. — Creusot, assez rare dans les bois, sur noisetier, bouleaux, aunes et charmes. Autun, bois de Varennes, en fauchant dans les bois, au mois de juin. (L. Vauthier et Fauconnet).

C. sericeus L. — Sur les fleurs de pissenlit, de composées en général. Autun, Juillet (R) (Abbé Lacatte).

C. moræi L. — Très commun sur les genêts. Le Creusot, Mâcon. Cheilly! au mois de mai, en fauchant sur les bords de la route; Digoin! Frère (Augustalis).

C. vittatus F.— Assez commun au mois de juillet sur les fleurs de millefeuille. Autun, Le Creusot, sur les genêts (C). Digoin! (Frère Augustalis).

C. nitens L. — Le Creusot (C).

C. signaticollis Suff. — Autun, sur des haies (R).

C. aureolus Suff. — Sur les fleurs de composées, dans les prés, au mois de juillet. Le Creusot (CC). Mâcon.

C. pulchellus Suff. — Sur fleurs de millefeuille, champs arides, en juillet (AR).

C. Hübneri F. — Le Creusot.

C. frontalis Gyll. — Autun (R). Sur saules et bouleaux, juillet.

C. fulcratus Germ. (*parvulus* Müll). — Charolles.

C. ochroleucus Fairm. — Mâcon (Guérin), sur jeunes pousses de peupliers. Digoin! (Frère Augustalis).

C. violaceus F. — St-Julien, sur la luzerne, au mois de juin. Mâcon. Digoin! (Frère Augustalis).

C. glaucopterus Schall. — Mâcon (Guérin).

C. rufipes Gœze. — Mâcon (Guérin), sur plantes diverses (AC). St-Julien, sur les saules, de mai à juillet. Epinac! (Hédin).

C. pusillus F. — Mâcon (Guérin), sur chênes, bouleaux, saules et noisetiers, au mois de juin. Le Creusot.

C. biguttatus Schal. — Digoin! (Frère Augustalis).

C. ocellatus Drap. — Mâcon (Guérin), sur chênes, bouleaux, saules et noisetiers, au mois de juin.

C. minutus F. — Le Creusot, sur plantes diverses (AC).

C. pini L. — Le Creusot.

C. bipustulatus F. — Sur noisetiers, en juillet, St-Julien. — Digoin! (Frère Augustalis).

C. labiatus L. — St-Julien! (Sandre).

C. Rossii Suffr. — Mâcon! (Guérin).

Pachybrachys Suff.

P. histrio Ol. — Sur des haies, St-Julien. Toute la Bourgogne (Cl. Rey).

P. hieroglyphicus Laich. — Digoin! (Frère Augustalis).

P. picus Weise. — Tournus, Cluny (Cl. Rey).

Stylosomus Suffr.

S. ilicicola Suffr. — Sur la vigne vierge, sur la clématite des haies, au mois de septembre, Autun (R).

5ᵉ FAMILLE EUMOLPIDÆ.

Adoxus Sch.

A. vitis F. — Dans les pays vignobles, au mois d'août et septembre (C). Autun (R). Le Creusot. Vignes de Buxy et de Givry (Peragallo). St-Maurice-les-Couches, sur sainfoin (probablement près des vignes). Couches-les-Mines.

Un professeur de la Faculté des Sciences de Dijon, a disséqué plus de trois mille *Adoxus vitis* et il n'a pu trouver un seul mâle; c'est là un sujet de recherches intéressantes pour nos collègues qui habitent les pays vignobles. Je tiens ce renseignement de M. Rouget, de Dijon, qui vient d'être enlevé trop tôt à la science entomologique; tous ceux qui l'ont connu, regretteront longtemps cet observateur patient et consciencieux des mœurs des insectes et n'oublieront pas l'attrait, le charme et l'intérêt de sa conversation.

A. obscurus L. — Montjeu ! sur des plantes au bord des marais (Collection de M. Lacatte).

6e FAMILLE CHRYSOMELIDÆ.

Timarcha Latr.

— *T. tenebricosa F.* — Très commun tout l'été, sur le sol, dans les sentiers, le long des haies, aux lisières des bois, sur les *Galium*. Autun, Le Creusot.

T. coriaria F. — Même habitat, même mœurs (CC). Cette espèce est un peu moins commune que la précédente : on la rencontre toute l'année.

Chrysomela L.

C. Banksi F. — Autun (AC). Les Revirets, mois de juillet.

C. staphylea L. — L'hiver, sous la mousse des arbres (AC). Autun. Mâcon, très abondant dans les inondations (Peragallo). Le Creusot, sur les herbes, dans les lieux humides (R). St-Julien, sous la mousse, en avril. Anost (Marchal). St-Maurice-lès-Couches (Marchal). Digoin ! (Frère Augustalis).

C. varians F. — Autun (C). Le Creusot, sur diverses plantes, l'été (AR).

C. Gœttingensis L. — Autun (AR). Collection de M. Lacatte.

C. hæmoptera L. — Autun (AC). Le Creusot, sur plantes et à terre (C). Digoin ! (Frère Augustalis).

C. molluginis Suffr. — (AR). C'est une variété de *C. fuliginosa* Ol.

C. sanguinolenta L. — Au mois de juin, sur des bruyères. Les Revirets (AC). Le Creusot, à terre (C). Mâcon. St-Julien, sous des mousses, en avril.

C. fucata F. — Autun, Le Creusot. St-Julien, sous la mousse, au pied d'un chêne, au mois de mai. Digoin! Frère (Augustalis).

C. marginalis Duft. — St-Julien, sous la mousse, au pied d'un peuplier, en avril (R) (Pierre). Digoin! (Frère Augustalis). Autun.

C. limbata F. — Sous les pierres, à St-Dezert (C) (Peragallo).

C. marginata L. — Autun. Les Revirets, Rivault, mois de juillet (AC). Le Creusot (R).

C. violacea Panz. — (AC).

C. chloris L. — Le Creusot (C).

C. menthastri Suffr. — Sur les menthes et surtout sur *M. aquatica*, dans les lieux humides. Autun (AC). Le Creusot (C). St-Julien.

C. graminis L. — Dans les herbes des clairières des bois (C).

C. fastuosa L. — Je l'ai trouvé en quantité dans des coupes de bois, sur de jeunes pousses d'arbres, au mois de juillet, dans les bois des Boursons, à Etang. Mâcon. Le Creusot, sur les graminées (CC). St-Julien, sur des blés, en mai et juin. Digoin! (Frère Augustalis).

C. cerealis L. — Sur les genêts, sur les herbes l'été (CC). Une année, au mois de mai, en compagnie de MM. Decœne et de Laplanche, nous l'avons trouvé en nombre, sous des pierres, au sommet d'une montagne, sèche, aride.

C. polita L. — Très commun sur les saules, l'été. Autun, Le Creusot (C). Mâcon. St-Maurice-lès-Couches, sur les lierres (Marchal).

C. geminata Panz.— Autun (AC). Le Creusot (R). St-Julien. sur des arbrisseaux.

Orina Chevr.

O. cacaliæ Schrk. — Mâcon ! (Guérin).

Lina Redt.

L. ænea L. — (AR). Sur des haies, au mois de juillet.

L. laponica L. — Collection de M. Lacatte (R). Je ne l'ai trouvé qu'une seule fois, sur le mur d'une maison, au mois de juin, avenue de la gare.

L. populi L. — Très commun partout, l'été, sur les jeunes pousses de tremble et de peuplier.

L. tremulæ Suff. (*saliceti* Weise). — Même habitat (CC).

L. longicollis Suff. (*tremulæ* Fab.). — Je n'ai trouvé cet insecte qu'une seule fois, mais par quantité, au mois d'août, sur des jeunes pousses de tremble, dans une coupe de bois, près de Gueunan. L'année suivante, je suis retourné dans le même endroit, plusieurs fois dans l'année, et je n'ai pu retrouver un seul exemplaire; depuis, je ne l'ai pas revu dans les environs d'Autun. Il est probable que cet insecte ne se rencontre que la première année qui suit une coupe dans un bois ; les feuilles des jeunes pousses de tremble sont alors plus tendres, plus faciles à manger. Il est assez difficile de distinguer cette espèce de la *Lina saliceti* Ws. Voici à quels caractères on la reconnaîtra. Le dernier article des tarses est armé d'une dent très visible; la forme générale du corps est ovale : le thorax est à peine convexe et ses côtés sont sinués à peu près au milieu; la bordure est épaisse et l'impression latérale est très profonde et entière. Les élytres sont peu brillantes et profondément ponctuées. Chez la *L. saliceti* Ws., la dent du dernier article des tarses est à peine visible; la forme générale est oblongue; le thorax est convexe, à côtés presque complétement arrondis; l'impression latérale est obsolète aux deux extrémités. Les élytres sont brillantes, à ponctuation moins profonde.

Gonioctena Redt.

G. litura F. — Très commun l'été, sur les genêts. Autun. Le Creusot (CC).

G. rufipes de G. — Sur le saule Marceau, en juin et juillet (AR).

G. viminalis L. — Assez commun l'été, sur plantes diverses et buissons. Autun, Le Creusot (AR).

G. nivosa Suffr. — (AR).

Gastrophysa Redt.

G. polygoni L. — Autun (C). Le Creusot (C). Mâcon.

G. hypochœridis L. — (C).

Plagiodera Redt.

P. cærulea-salicis de G. — Dans les lieux humides, sur le cresson et une foule d'autres plantes, sur les saules, les peupliers, mai, juin (CC) Autun, Le Creusot (CC). Digoin! (Frère Augustalis).

Phædon Latr.

P. betulæ Suff. — Très commun au mois de mai, sur une crucifère *(Roripa amphibia)*, aux bords de l'étang et du bois de Torcy (Marchal). Mâcon (Guérin).

P. cochleariæ F. — Sur les crucifères, au bord des eaux, et surtout sur le cresson, en juin, juillet (AR). Autun. Le Creusot, sur feuilles de plantes aquatiques (R).

P. salicina Heer. — Sur les saules, les osiers, en mai, juin, (AC). Autun. Le Creusot (C). St-Julien. Digoin! (Frère Augustalis).

Phratora Redt.

P. betulæ L. — Mâcon (Guérin).

P. tibialis Suffr. — Sur plantes au bord des eaux, mai, juin. Autun (C) Mâcon (C).

P. vitellinæ L.— Même habitat, Autun (C). Le Creusot (CC).

Eremosis d Gz.

E. aucta F. — Autun (AR). Mâcon.

Prasocuris Latr.

P. beccabungæ Illig. — Sur les végétaux des localités humides, sur la véronique aquatique (*Veronica beccabunga*), plante spontanée dans les ruisseaux et les terres imprégnées d'eau. Juillet, août (AC).

P. phellandrii L. — Mâcon (Guérin).

7e FAMILLE GALLERUCIDÆ.

Adimonia Laich.

A. tanaceti L. — Sur la tanaisie, l'été (AC). Autun, Mâcon, Le Creusot (AR).

A. rustica Schall. — Autun (R), collection de M. Lacatte. Le Creusot (AR). St-Julien, le long des routes au mois de juin (C), Mâcon.

A. capreæ L. — Sur les buissons, sur les haies, en juillet et août (C). Autun, Mâcon, St-Julien. Le Creusot, dans les bois, sur les pins (C).

Agelastica Redt.

A. halensis F. — En battant les haies, en juin, juillet (AR). Autun, Creuse d'Auxy, Le Creusot (R).

A. alni L. — Vit en troupes ainsi que ses larves, sur les aunes qu'ils dépouillent entièrement de leur feuillage. Juin, juillet (CC). St-Julien.

Phyllobrotica Redt.

P. 4-maculata L. — Le Creusot, sur arbrisseaux des marais (RR). Autun (R). Collection de M. Lacatte. J'en ai trouvé un seul exemplaire, accidentellement, sur un mur, au mois de juin. St-Julien, pris au vol.

Galleruca F.

G. xanthomelæna Schrk. — L'insecte et ses larves vivent

en société sur les ormes, qu'ils dépouillent de leurs feuilles (CC). Juin, juillet.

G. tenella L. — Sur les arbustes, dans les prés humides, juillet (C). Autun. Le Creusot, Mesvres, le Pont-d'Ajou (Marchal). St-Julien, sous une pierre, au mois d'avril.

G. viburni Payk. — Le Creusot, sur les aunes (R).

G. lineola F. — Mâcon (Guérin). Autun, en fauchant dans un pré humide, à Pont-l'Évêque, et dans mon jardin, sur des arbustes, au mois de mai.

G. calmariensis L. — Mâcon (Guérin). St-Julien, très commun sur les ormes (Pierre).

G. nympheæ L. — St-Maurice-lès-Couches (Marchal).

Luperus Geoffr.

L. circumfusus Marsh. — Sur des plantes très variées, mais il semble préférer les aunes et les saules (CC). Juin, juillet. Autun, Mâcon, St-Julien; Le Creusot, sur les genêts, sous les mousses (AR).

L. rufipes F. — Sur les aunes, les buissons, les haies, l'été (C). Autun, Le Creusot.

L. betulinus Fourc. — Même mœurs (C). Autun, Le Creusot. St-Julien, sur arbres et buissons.

L. flavipes L. — Commun sur les aunes, l'été. Autun, Le Creusot (C). St-Julien, sur les haies.

8e FAMILLE ALTICIDÆ.

Altica Geoff.

A. erucæ Ol. — Assez commun l'été sur le chêne à grappes (*Quercus racemosa*) surtout. Autun (CC). Le Creusot (C).

A. ampelophaga Guer. — Sur la vigne, en avril. Couches-les-Mines (AR). Le Creusot, sur diverses plantes (R).

A. lythri A. — Sur diverses espèces d'*Epilobium* près des marais, des fossés et des ruisseaux. Mai, juin (AR). Autun, sur les bords de l'étang de Chantal. Creusot, sur *Epilobium*, lieux humides. Mâcon.

A. oleracea L. — Espèce souvent très nuisible et très commune partout, toute l'année, dans les potagers sur les haricots, les choux, dans les champs sur les luzernes, dans les bois sur les jeunes chênes et les coudriers.

A. montana Foudr. — Dans des prairies humides, sur les montagnes. Antully (R). Mazenay.

Hermæophaga Foudr.

H. mercurialis F. — St-Maurice, montagne de St-Sernin, au mois de mai (Marchal).

Crepidodera Chevl.

C. ventralis Illig. — L'été, sur la douce-amère, l'hiver, sous les détritus (C). Autun, Mâcon, Le Creusot.

C. salicariæ Payk. — Assez commune toute l'année, dans les prairies humides sur diverses plantes marécageuses et notamment sur la Salicaire. Autun, Le Creusot.

C. impressa F. — Autun (R). Le Creusot (AC). Mâcon, St-Julien.

C. helxines L. — Commun tout l'été sur les saules, aunes, trembles et peupliers. Autun, Le Creusot. Mâcon.

C. transversa Marsh. — Commun dans les prairies humides. Autun. Mâcon. St-Julien. Le Creusot. Digoin !

C. ferruginea Scop. — Dans les pâturages des côteaux, rarement dans les lieux humides (AC). Autun. Mâcon. Le Creusot (CC).

C. rufipes L. — Dans les prairies au mois de juillet (C).

C. aurata Marsh. — Sur le peuplier et souvent contre le tronc de cet arbre. Juin, juillet (CC). Autun. Mâcon. St-Julien, Le Creusot (C), sur saules, peupliers et trembles.

C. cyanescens Duft. — Mâcon (Guérin). St-Maurice-lès-Couches (R).

C. chloris Foudr. — Très commun l'été, sur les saules. Autun, Mâcon, Le Creusot (C).

C. smaragdina Foudr. — Sur le tremble. Juin, juillet (AR).

C. Modeeri L. — Toute l'année, dans les lieux marécageux, sur les *Equisetum*. Le Creusot.

Epithrix Foudr.

E. pubescens Hoffm. — Toute l'année, sur la douce-amère, Mâcon (Guérin).

Podagrica Chevl.

P. fuscipes F.— Commun toute l'année sur *Malva sylvestris* et moins fréquemment, sur les autres malvacées.

P. malvæ Illig. — Sur différentes espèces de mauves (C). Autun, St-Julien.

P. fuscicornis L. — Sur l'*Althæa officinalis*, en juin, juillet; quelquefois sur l'*Althæa rosea* des jardins. Autun (CC). St-Julien. St-Maurice-lès-Couches, sur *Malva sylvestris* (Marchal).

Balanomorpha Chevl.

B. rustica L. — Toute l'année, sous les débris de végétaux, dans les terrains secs; se prend souvent après la pluie, dans les ornières des chemins (AR). Autun, en fauchant dans les bois de Montjeu et dans des détritus d'inondations recueillis sur les bords de l'Arroux, au mois de mai.

Phyllotreta Foudr.

P. atra Hoffm. — Dans les prairies et pâturages humides, sur les crucifères surtout; l'hiver, dans des détritus de jardins (AR). Autun, Mâcon.

P. pæciloceras Com. — Sur les choux-raves, dans les jardins et sur la vigne, au mois de mai (C). Autun, Mâcon.

P. exclamationis Thb. — Très commun sur les choux cultivés; par son extrême multiplication, cet insecte est quelquefois un fléau pour les potagers. On le trouve l'hiver sous les écorces d'arbres fruitiers. Autun, Mâcon. Digoin! (Frère Augustalis). Montcenis, sous des tas de joncs, au bord des marais (Marchal et Cartier).

P. punctulata Marsh. — Au printemps, dans les champs, sur quelques crucifères et pendant tout le reste de l'année, dans les prairies humides; l'hiver, sous les écorces (AR).

P. diademata Foudr. — Toute l'été, dans les prairies humides, et l'hiver, sous des écorces de melèzes (R).

P. ochripes Curt. — Mâcon! (Guérin). Le Creusot, sous détritus d'étangs, l'hiver.

P. lepidii Hoffm. *(nigripes* Panz). — Commun toute l'année dans les champs et les jardins, sur diverses crucifères. Autun. Le Creusot, sur des navets et sur pins. Mesvres, Mâcon.

P. antennata Hoffm. — De juin à fin août, sur toutes les espèces de *Gaudes, (Reseda luteola).* Le Creusot.

P. melanura Illig. — (R).

P. sinuata Steph. — Dans les prairies, sur les crucifères, d'avril à juin (AR). Autun, dans détritus d'inondations, sur les bords de l'Arroux, au printemps. Le Creusot (R). Mâcon! (Guérin).

P. nemorum Gyll. — Très commun toute l'année et partout, sur les diverses crucifères des jardins potagers; insecte nuisible, car à peine éclos au printemps, il se nourrit des premières feuilles des choux ou autres plantes potagères. L'hiver, on le trouve sous la mousse des arbres et dans les détritus des forêts.

P. crassicornis All. — Autun?

P. melæna Illig. — Un seul mâle, en fauchant l'été dans les prairies.

P. tetrastigma Com. — Assez commun dès le mois de février, dans les tas de joncs qui ont passé l'hiver sur le bord des marais. Montcenis (Marchal et Cartier).

P. vittula Redt. — Habite les lieux humides; on le trouve au printemps sur des *Nasturtium*. Autun (AC). Le Creusot (C).

P. flexuosa Hoffm. — Se trouve toute l'années sur diverses crucifères et dans la campagne, sur navettes et colzas, au printemps (AC). Autun, Mâcon. St-Julien, sous écorces de peupliers.

Aphthona Chevl.

A. atrocærulea Steph. (*cyanella* Redt. *euphorbiæ* Foudr.). — Sur bords de ruisseaux, dans des prés humides. La Porolle, Pont l'Évêque, près Autun, au mois de mai.

A. herbigrada Curt. — Dans les pâturages secs des lieux élevés (AC).

A. euphorbiæ Schrk. (*ovata* Foudr.) — Toute l'année sur les Euphorbes et principalement sur l'*Euphorbia sylvatica L.*; l'hiver, on le trouve souvent sous les détritus. Le Creusot, Autun, Mesvres (Marchal).

A. cærulea Hoffm. — Assez commun dans les prés marécageux sur l'*Iris pseudoacorus L.* et sur le bord des fossés. Autun, Mâcon. St-Julien, sur plantes aquatiques, au mois de juin. Le Creusot, l'hiver, dans des tas de joncs et de roseaux.

A. nonstriata Gœze. (*cærulea* Payk. *pseudacori* Marsh. — En compagnie de *A. cærulca*, sur mêmes plantes, mais beaucoup plus rare.

A. lævigata Illig. — Mâcon (Guérin).

A. hilaris Steph. (*virescens* Foudr.) — Le Creusot (R). St-Maurice-lès-Couches (Marchal).

A. venustula Kutsch. (*euphorbiæ* All. *cyanella* Foudr.). — Le Creusot, collection Cartier.

Longitarsus Latr.

L. brunneus Duft. — En automne, dans les pâturages humides (AR). Autun. Le Creusot, même habitat (R).

L. Holsaticus F. — Dans les marais, sur diverses espèces de prèles, peu commun. Autun, route de Marmagne, en fauchant sur l'*Achillæa millefolium*, au mois d'août Le Creusot (AC).

L. luridus Scop. — Toute l'année dans les pâturages, dans les prés humides et au bord des chemins, sur diverses plantes de la famille des Borraginées (AR). Autun, sous des écorces, au mois d'avril. Mâcon. St-Maurice-lès-Couches (Marchal).

L. atriceps Küstch. — Mâcon (Guérin).

L. nasturtii F. — En automne, sur l'*Echium vulgare* (AC), dans les prés humides, de mai à septembre, Autun, Etang, Mâcon, Le Creusot.

L. atricillus Gyll. — Commun toute l'année dans les prairies, de mai à juillet; très répandu dans les prés humides de Pont-l'Évêque.

L. tabidus Illig. — Le Creusot, dans les pâturages au printemps (AR). Mâcon (Guérin).

L. melanocephalus Gyll. — Commun au printemps dans les prairies, Autun, St-Maurice-lès-Couches (Marchal).

L. suturatus Foudr. — En automne sur les *Verbascum* (R).

L. verbasci Panz. — En été sur diverses espèces de *Verbascum* (AR) Autun. Le Creusot (C), sur *Verbascum* et quelquefois sur des *Scrofhulaires*, sur l'*Echium vulgare*.

L. pusillus Gyll. — Toute l'année dans les prairies et les pâturages (AR). Autun. Mâcon.

L. femoralis Gyll. — Dans les pâturages des montagnes (AR). St-Maurice-lès-Couches, Autun.

L. ochroleucus Marsh. — Prés humides, endroits marécageux (R).

L. picipes Steph. — Autun. St-Maurice-lès-Couches (Marchal).

L. lateralis Illig. — Autun, en fauchant l'été dans les prairies.

L. miniusculus Foud. — Chantal, près Autun, en fauchant au mois d'août, dans des prés secs.

L. rufulus Foud. — St-Maurice-lès-Couches (Marchal).

L. nanus Foudr. — id. id.

L. nigricollis Foud. (*suturalis* Marsh.). — St-Maurice-lès-Couches (Marchal).

L. œruginosus Foudr. — Autun (R).

L. pellucidus Foudr. — Autun (R).

L. canescens Foudr. — Le Creusot (R).

L. apicalis Beck. — Torcy, sur des joncs, au bord de l'étang (R). (Marchal).

L. castanea Duft. — Le Creusot, St-Maurice-lès-Couches (R).

L. pulex Schrk. — Le Creusot (R).

Plectroscelis Redt.

P. major du V. — (R)? Provenance douteuse.

P. concinna Marsh. — Très commun toute l'année dans les prairies et les pâturages : à la fin de l'automne, un grand nombre d'individus s'établissent sur les haies, sur les taillis et sous les détritus et feuilles mortes. Autun, Le Creusot (CC). Mâcon.

P. Sahlbergi Gyll. — Le Creusot.

P. Mannerheimi Gyll. — Le Creusot, sous des joncs en tas. Autun, en fauchant dans les prés (R).

P. aridula Gyll. — Le Creusot. St-Maurice-lès-Couches (Marchal).

P. semicœrulea Hoff. — Mâcon (Guérin).

P. tibialis Illig. — Toute l'année dans les prairies sèches ou montagneuses; l'hiver, sous les détritus (AC). Autun, Mâcon, Le Creusot.

P. augustula Rosh. — Dans les mousses, dans les touffes d'herbes, sur les montagnes, lieux exposés au nord (R).

P. aridella Gyll. — Commun toute l'année dans les pâturages. Autun, Mâcon, Le Creusot. (Cartier).

Psylliodes Latr,

P. chrysocephala L. — L'été, sur les choux, le cresson et

autres crucifères, au printemps, sur la navette et le colza. Autun, Mâcon, Le Creusot, sur crucifères, en juin (C).

P. attenuata Hoffm. — La plus petite espèce du genre. Toute l'année dans les herbes et spécialement sur le houblon au bord des ruisseaux et sur le chanvre (AR). Autun. Le Creusot, sur le chanvre, en juin, juillet (C).

P. dulcamaræ Hoffm. — Tout l'été sur *Solanum dulcamara*. Le Creusot (R).

P. affinis Payk. — De mai à juillet, sur diverses plantes de la famille des Solanées et notamment sur le *Solanum dulcamara L.* (CC). Autun, Mâcon, Le Creusot.

P. cucullata Illig. — Le Creusot (R).

P. napi Hoffm. — Prairies marécageuses, lieux humides (AR). Autun, Mâcon, Le Creusot, St-Maurice-lès-Couches (Marchal).

P. luteola Müll. — Sur les plantes de la famille des Solanées, sur les tiges et feuilles de la pomme de terre (C).

P. herbacea Foudr. (*cuprea* Hoffm.). — St-Maurice-lès-Couches (Marchal).

Hypnophila Foudr.

H. obesa Waltl. — Mâcon (Guérin).

Apteropoda Redt.

A. ciliata Ol. — Toute l'année dans les bois, les pâturages ombragés, parmi les herbes et presque toujours sur les graminées. Je l'ai trouvé en automne sous les feuilles et débris d'un bois de sapins, à Mont-d'Arnaud (C). Bois de Varennes, en fauchant sur les graminées au mois de mai (L. Vauthier).

Sphæroderma Steph.

S. cardui Gyll. — Toute l'année sur différentes espèces de chardons et principalement sur le *Carduus nutans L.* (AC). Autun, Le Creusot. St-Julien, sur les haies, au mois de juin (Pierre).

S. testacea F. — Sur les chardons et diverses centaurées (C). Autun, Mâcon. Digoin ! (Frère Augustalis).

9e FAMILLE HISPIDÆ.

Hispa L.

H. atra L. — Très commun tout l'été dans les prairies, sur les haies, et l'hiver dans les détritus, et quelquefois sous les pierres. Autun, Mâcon. Le Creusot, au printemps, sur graminées (AR). St-Maurice-lès-Couches (Marchal).

8e FAMILLE CASSIDIDÆ.

Cassida L.

C. vibex F. — (AC). Dans les pâturages, l'été.

C. ferruginea Gœz. — Assez commun l'été sur le *Convolvulus arvensis*. Autun, Le Creusot (R).

C. chloris Suffr. — Sur *Tanacetum vulgare* et *Achillæa millefolium*. Juin, juillet (R). Le Creusot. Autun.

C. vibex L. — Sur la tanaisie, l'été (AR), et dans les lieux humides des bois. Autun, Mâcon.

C. rufovirens Suff. — (R).

C. nobilis L. — Le Creusot, sur *Spergula arvensis* (C). Autun, dans les prés et endroits humides Mâcon.

C. cruentata Marsh. — Sur *Achillæa millefolium* (R). Autun, Le Creusot (R).

C. deflorata Illig. — Mâcon (Guérin).

C. stigmatica Illig. — Sur *Tanacetum vulgare* (AC). Autun. Digoin ! (Frère Augustalis).

C. denticollis Suff. — Sur la *Tanaisie* et l'*Achillæa millefolium* (R).

C. nebulosa L. — Le Creusot, sur *Chenopodium album* et *hybridum*, sur *Atriplex nitens* (AC). Il se trouve quelquefois sur les feuilles de betterave rouge, sur les navets, les radis. Autun (AC). Anost (Marchal).

La var. *affinis* F. — Se trouve avec le type sur les mêmes plantes.

C. viridis L — Sur différents *Chardons*, sur les *Artichauts*, la *Bardane* et *Mentha aquatica* (C). Autun, Le Creusot, Mâcon. Digoin !

C. oblonga Illig. — Sur *Urtica dioïca*, au mois de mai, dans les prairies de Pont-l'Évêque. A l'état frais, cet insecte a deux bandes d'un vert brillant, s'étendant sur les élytres, entre la 2e et la 5e strie.

C. margaritacea Schal. — Sur *Thymus serpillum* et *Saponaria officinalis*, sur chênes en fleurs, en juillet et août (C). Autun, Le Creusot.

C. hæmispherica Herbst. — Sur les chênes et scabieuses, au mois d'août (AC); dans les bois humides, l'été. Autun, Mâcon.

C. sanguinosa Sufl. — Sur *Tanaisie* et *Achillæa millefolium* (R). Autun, Mâcon. Le Creusot.

C. flaveola Thunb. — (R). Le Creusot, en février dans un tas de joncs.

C. azurea F. — Digoin ! (Frère Augustalis).

17e TRIBU. — SÉCURIPALPES.

1re FAMILLE COCCINELLIDÆ.

Chilocorus Leach.

C. renipustulatus Scriba. — Sur les pins et sapins, l'été; l'hiver, sous les écorces (R).

C. bipustalutus L.— Même habitat (CC). Autun. Le Creusot, sur genêts (C). Mâcon.

Exochomus Redt.

E. auritus Scriba. — Autun (AR). Le Creusot, St-Julien.

E. 4-pustulatus L. — Très commun dans les vergers et les jardins, sur les pruniers, au milieu de colonies d'aphis. Autun, Mâcon, Le Creusot.

On trouve à Autun la var. *floralis* Mot. (R).

Hyperaspis Chevl.

H. reppensis Herbst. — Le Creusot, sur les genêts, au mois de septembre (R).

H. campestris Herbst. — Je n'ai trouvé qu'une femelle de la variété *concolor* Suffr., en fauchant sur des montagnes arides, au-dessus de Mesvres.

Hippodamia Chevl.

H. 13-punctata L. — Sur les plantes et arbrisseaux au bord des eaux, l'été (AR). Autun, Le Creusot, Mâcon.

Anisosticta Chevl.

A. 19-punctata L. — Dans les prés humides au bord de l'Arroux et sur les plantes aquatiques (R). Autun, Le Creusot (AC). Mâcon.

Adonia Mls.

A. mutabilis Scriba. — Autun (CC). Le Creusot (C). Mâcon. Espèce très variable dans le dessin et la couleur des élytres. Le type à 13 points est assez rare ; sont plus communes les var. *constellata* Laich à 7 p., *9-punctata* Schr. à 9 p. et *5-maculata* Fab. à 5 points.

Adalia Mls.

A. obliterata L. — Très commun tout l'été sur pins et sapins, et l'hiver dans les détritus au pied de ces arbres. Autun,

Le Creusot, Buxy, St-Julien. La var. *livida* Degeer est très commune; la var. *fenestrata* Ws. est très rare.

A. bi-punctata L. — Très commun l'été sur les arbres et plantes herbacées à pucerons, et l'hiver, dans les maisons. Autun, Le Creusot, Mâcon, St-Julien. Digoin !

Les var. *4-maculata* et *6-pustulata* L. sont aussi répandues.

A. 11-notata Schn. — Aussi commun que le précédent; sur les saules, sur *Carduus nutans*, de mai à septembre. Autun, Le Creusot, Mâcon. La var. *9-punctata* Fourc. est aussi répandue que le type.

Coccinella L.

C. 7-punctata L. — Très commun pendant toute la belle saison sur tous les végétaux; répandu partout. M. Marchal a trouvé au Creusot la var. *9-punctata* Ol., à 9 points au lieu de 7, sur les élytres.

C. 5-punctata L. — Autun et Le Creusot, commun sur diverses plantes, sur feuilles des arbres, dans les endroits humides. Digoin !

C. hieroglyphica L. — Sur les bruyères, l'été et l'automne, et dans les prés des bords de l'Arroux (R).

C. variabilis Illig. — Très commun l'été sur toutes les plantes et sur les arbres, surtout le saule; l'hiver, sous les détritus, sous les écorces. Comme l'indique son nom, la couleur et les dessins des élytres varient à l'infini et on trouve aux deux extrémités de la série, l'insecte complétement noir et complètement fauve, sans dessin. Répandu partout.

Le type est la coccinelle à 12 points noirs 1, 3, 2; parmi ses nombreuses variétés, j'ai trouvé les suivantes à Autun :

C. lutea Ross. — Sur les haies, en mai.

Subpunctata Schrank.

4-punctata L.

6-punctata, var. *trigemina* Ws.

8-punctata Müll.

Relicta Heyd.
Humeralis Suff.
Ephippiata Ws.
10-pustulata L., var. *obliquata* Reich.
Scribæ Ws. var. *unifasciata* Scrib.
Bi-maculosa Herbst., var. *inconstans* Schauf.
Guttato-punctata L.

C. 14-pustulata L. — (CC). Autun, Le Creusot, Mâcon.

Harmonia Mls.

H. lyncea Ol. — J'ai trouvé le type dans le midi de la France et la var. *12-pustulata* F. à Autun et au Creusot, où elle est rare.

H. punctata Scop. — Sur diverses plantes l'été, et souvent l'hiver contre les fenêtres des maisons à la campagne (C). Autun, Le Creusot, Mâcon. Digoin!

La var. *rosea* Degeer est assez commune; la var. *impustulata* L. est rare. Mesvres, mois de mai.

H. marginepunctata Sc. — Très commun ainsi que sa variété *rustica* Ws. sur les pins et les sapins, dès le mois d'avril, Autun, Le Creusot (AR). St-Julien. Digoin!

Micrapsis Chevl.

M. 12-punctata L. — Le Creusot, très commun à la fin de l'automne, sous les tas de pierres au sommet des montagnes. Mâcon, St-Julien. Autun, en fauchant au printemps et en été, dans les prés, et l'hiver dans les détritus (CC).

Thea Mls.

T. 22-punctata L. — Très commun l'été sur les plantes, sur les arbres et sur les haies. Répandu partout.

Prepylea Mls.

P. conglobata L. — Très commun partout l'été. Plus rare est la variété *tessulata* Scop.

Vibidia Mls.

V. 12-guttata Poda. — Sur les pins et sapins, à la recherche des pucerons (AC). Autun, Le Creusot (C).

Halyzia Mls.

H. 16-guttata L. — Le Creusot, commun sur les pins et sur les aunes, l'été. Autun (C). Digoin !

Calvia Mls.

C. bis 7-guttata Schal. — Sur les aunes, au bord des cours d'eau. Le Creusot (R).

C. 10-guttata L. — Sur les haies, l'été (AC). Autun, Le Creusot.

C. 14-guttata L. — Autun (CC). Mâcon. Le Creusot (C).

Sospita Mls.

S. tigrina L. — Mâcon (Guérin)?

Myrrha Mls.

M. 18-guttata L. — Sur diverses plantes, sur les haies, l'été (CC). Autun, bois de Varennes, au mois de mai. Le Creusot (AR). St-Julien.

Anatis Mls.

A. ocellata. L. — Belle espèce qui vit de pucerons sur l'aune, le chêne, le pin et le sapin (C). Bords de l'Arroux, en fauchant dans les prés.

Myzia Mls.

M. oblongo-guttata L. — Sur les pins et sapins, surtout l'automne; Bois des Revirets et d'Ornez (AC). Le Creusot (R). St-Julien.

2e FAMILLE SCYMNIDÆ.

Epylachna Chevl.

E. argus Geoff. — De toutes les coccinelles, c'est la seule espèce phytophage. On la trouve l'été, dans les haies, sur la *Bryona dioïca* (C). Autun, Le Creusot, St-Julien. Digoin!

Lasia Mls.

L. globosa Sch. — Sur les trèfles, les luzernes, les vesces, la saponaire; la larve est, dit-on, nuisible à ces plantes AC). Autun, Le Creusot, Mâcon.

J'ai les variétés suivantes de cette espèce :

1° Les points 8, 10, 11, 12, manquent;

2° Les points 1, 2, 3 seulement, restent;

3° Les points suivants sont réunis 1+2+3, 4+5+6+9 à 7+10; 8 isolé et 11+12. Cette belle variété vient du Creusot (Marchal).

Cynegetis Redt.

C. impunctata L. — Dans les lieux marécageux, l'été (AR). Autun, Le Creusot (R). St-Julien, sur les haies.

Patynaspis Redt.

P. villosa Fourc. — Commun l'été sur diverses plantes, sur les troncs des arbres fruitiers. Le Creusot, Autun (CC).

Scymnus Kugel.

S. Ahrensi Mls.. — Autun (R) Mâcon.

S. frontalis F. — Le Creusot (C). Autun (R), en fauchant dans les bois. Var. — *4-pustulatus* Herbst. Le Creusot (Cartier).

S. Apetzi Mls. — Assez commun sur les pins et sapins. Autun, Mâcon. Le Creusot.

S. marginalis Rossi. — Même habitat (AC).

S. nanus Mls. — Le Creusot, sur pins et houblons, au printemps et à l'automne (C).

S. pygmæus Geoff. — Sur arbres verts, l'été (C). Autun, en fauchant sur plantes basses, dans les bois, en juin et juillet. Mâcon, Le Creusot (C).

S. nigrinus Kugel. — (RR). Autun, Mâçon.

S. binotatus Bris. — (R).

S. 4-lunatus Illig. — (AR). Autun, Mâcon.

S. fasciatus Geoff. — Autun, collection de M. Lacatte. Je l'ai trouvé en battant les haies vives au mois de mai (AC).

S. abietis Payk. — Très commun l'été sur les conifères.

S. discoïdeus Illig. — (AR). Autun, sur les haies, au mois de mai. Mâcon. Le Creusot.

S. hæmorrhoïdalis Herbst. — (AC). Autun, en fauchant dans les bois un peu humides. Le Creusot, Mâcon.

S. capitatus F. — Mâcon (Guérin) (AR).

S. ater Kugel. — Le Creusot (C). St-Maurice-lès-Couches (Marchal).

S. minimus Payk. — (AR). Autun, Mâcon, Le Creusot.

S. analis F. — Autun, Le Creusot, St-Maurice-lès-Couches (Marchal) (AC).

Rhizobius Steph.

R. litura L. — Très commun partout, l'été, sur divers arbres et surtout sur les pins et sapins.

Coccidula Kugel.

C scutellata Herbst. — Le Creusot, assez commun sur les joncs, mai et juin.

C. rufa Herbst. — Sur les Iris au bord des mares et des étangs, en juin, juillet (AR). Mâcon. Le Creusot, en automne, sous débris végétaux, endroits sablonneux. Mesvres, en fauchant sur les bords d'un ruisseau au mois de mai (Cartier).

18e TRIBU, — SULCICOLLES.

FAMILLE UNIQUE, ENDOMYCHIDÆ.

Lycoperdina Latr.

L. bovistæ F. — Assez commun à l'automne, dans les lycoperdons. Bois des Revirets; Gueunan, près Autun. Le Creusot, St-Julien, Anost.

Endomychus Panz.

E. coccineus L. — Sous les écorces d'arbres morts, l'hiver et l'automne. Creuse d'Auxy. Scierie de Mont-d'Arnaud, Bois de la Feuillée, sous écorces de hêtres, au mois de mars, (AC). On le trouve ordinairement en familles nombreuses. Le Creusot, dans des champignons décomposés, demi-liquides. St-Julien, sous écorces de saules, en octobre.

SUPPLÉMENT

Pag. 17. **Amara** Bon.

A. municipalis Duft. — En novembre, sous les feuilles étalées de la vipérine, sur les remblais de l'Usine du Creusot.

A. fulva de G. — Le Creusot (Marchal). Digoin ! (Frère Augustalis).

A. livida F. (*bifrons* Gyll. *rufocincta* Sahlb). — St-Julien-de-Civry (Pierre).

Pag 20. **Feronia** Latr.

F. diligens Sturm. (*pulla* Gyll. *strenua* Er. *polita* Heer.) — Autun, rare. Le Creusot (Marchal).

Pag. 21. **Calathus** Bon.

C. micropterus Duft. — Le Creusot ! un seul exemplaire (Marchal).

Pag. 23. **Trechus** Clairv.

T. discus F. — Mâcon ! (Guérin).

Pag. 24. **Tachys** Dej.

T. Focki Humm. — Le Creusot, un exemplaire, en battant les haies mortes (Marchal).

Pag. 24. **Bembidium** Latr.

B. varium Ol. — St-Maurice-lès-Couches (R), (Marchal).

B. striatum F. — Digoin ! (Frère Augustalis).

B. adustum Schaum (*varium* var. A Duv.). — Digoin! (Frère Augustalis).

Pag. 29. **Hydroporus** Clairv.

H. minutissimus Germ. (*granularis* Croth). — Le Creusot (Marchal).

H. canaliculatus Lacd. — Digoin! (Frère Augustalis).

Pag. 34. **Philhydrus** Sol.

P. nigricans Zett. (*frontalis* Er. *dermestoïdes* Forst.). — Le Creusot, un seul exemplaire dans les eaux stagnantes des bois.

Pag. 36. **Sphæridium** F.

S. testaceum Heer. — Digoin! (Frère Augustalis).

Helophorus F.

H. pumilio Er. — Dans la Grosne, près de Cluny (Cl. Rey).

Pag. 42. **Trinodes** Latr.

T. hirtus F. — Sur un poteau, dans mon jardin, au mois de juillet.

Pag. 46. **Atomaria** Steph.

A. gutta Steph. (*Godarti* Guill. *veresim.*). — Autun.

A. atricapilla Steph. — Autun.

A. ferruginea Sahlb. — Autun, dans des détritus de forêts (R).

Pag. 47. 9e *bis* FAMILLE MURMIDIIDÆ.

Murmidius Leach.

M. ovalis Leach. — Le Creusot, collection Cartier. C'est un insecte qu'on trouve ordinairement dans les navires.

Psammæcus Boud.

P. bipunctatus F. — Assez commun au mois de mai sous des joncs coupés au bord d'un ruisseau : Mesvres (Cartier et Fauconnet). Le Creusot, l'hiver, dans les mêmes conditions (Marchal et Cartier).

Pag. 40. **Corticaria** Manh.

C. obscura Bris. — Cluny. (Monog. R. P. Belon).

Pag. 51. **Læmophlæus** Er.

L. pusillus Sch. — Le Creusot, (collection Cartier).

Pag. 52. **Oxylæmus** Er.

O. cylindricus Panz. — Un exemplaire pris à Montcenis, au mois de mai, dans la plaie d'un châtaigner (RR), (Marchal).

Pag. 53. **Pityophagus** Shuk.

P. ferrugineus L. — Bois de Varennes, près Autun, au mois de mai, en battant de jeunes taillis de chênes. (L. Vauthier et Fauconnet).

Pag. 56. **Heterhelus** du V.

H. sambuci Er. — Le Creusot, sur le sureau à grappes, au premier printemps.

Heterostomus du V.

H. gravidus Illig. — Le Creusot (Marchal).

H. cinereus Heer. — id. id.

Pag. 61. **Anthophagus** Grav.

A. caraboïdes L. et *muticus* Ksw., doivent être supprimés.

Pag. 62. **Trogophlæus**.

T. hirticollis Rey. — Digoin ! sous détritus l'hiver (RR) (Frère Augustalis).

Pag. 64. **Stenus** Curt.

S. nitidiusculus Steph. — Environs de Cluny (Cl. Rey).

S. morio Grav. — Environs de Cluny, au mois de juin, parmi les feuilles tombées dans les forêts (Cl. Rey).

S. Rogeri Kr. (var. et non synonime de *providus* Er.). — En été, sous les pierres, mousses et détritus, au bord des eaux, près Cluny et Tournus (Cl. Rey).

S. fossulatus Er. et *incanus* Er., dont la provenance me paraissait douteuse, doivent être supprimés du catalogue des espèces de Saône-et-Loire.

Pag. 74. **Staphylinus** L.

S. compressus Marsh. — St-Maurice-lés-Couches ! au mois septembre (R) (Marchal).

Pag. 83. **Placusa** Er.

P. pumilio Grav. — Mesvres, en fauchant dans une coupe de bois, au mois de mai.

Pag. 88. **Dinaræa** Thoms.

D. linearis Grav. — Mesvres, au mois de mai (R). (Cartier et Fauconnet).

Pag. 93. **Bythinus** Leach

B. validus Aubé. — Bords du ruisseau des Revirets, au mois de septembre. Cet insecte est assez commun dans les mousses des hautes montagnes, au Lioran, par exemple, où M. Cartier et moi en avons pris un certain nombre, mais je le crois très rare dans notre contrée.

Pag. 97. — **Trichopteryx** Kirb.

T. longicornis Mann. (*pumila* Er. *sericans* Gyllm.). — J'ai trouvé deux exemplaires de ce minuscule insecte ($^1/_3$ de mil^m.) dans le terreau des couches à melons, au mois de septembre.

Pag. 107. **Hister** L.

H. nigellatus Germ. — A supprimer.

Pag. 108. **Dendrophilus** Leach.

D. punctatus Herbst. — A supprimer du catalogue.

Pag. 109. **Abræus** Leach.

A. parvulus A. — A supprimer.

Saprinus Er.

S. Nannetensis Mars.— D'après M. Schmidt, cet insecte n'est autre que le *Gnathoncus rotundatus* Kug.

Gnathoncus du V.

G. punctulatus Thom. — Autun, Le Creusot (AC).

Pag. 113. **Aphodius** Illig.

A. conjugatus Panz, — Bois de St-Prix ! (R). (Champenois).

A. lividus Ol. — Vole autour des fumiers, l'été, au moment du coucher du soleil.

Pag. 116. **Oryctes** Illig.

O. nasicornis L. — Autun, à la Croix-Verte, dans un tas de tan, exposé à l'air, depuis deux ou trois ans : on y rencontrait en quantités larves et insectes parfaits.

Pag. 126. **Throscus** Latr.

T. dermestoïdes L. — Très commun l'été, de juin à septembre, sur les plantes basses dans les bois : ne le chercher que le soir, à partir de cinq heures, dans les parties de la forêt où le soleil ne donne plus. Bois de Varennes! Montjeu! On n'était pas d'accord sur les caractères distinctifs des sexes de cette espèce, qu'il était difficile de surprendre accouplée dans les bois. Ayant réuni, dans un flacon une quarantaine de *Throscus*, j'ai pu voir un accouplement et constater que la femelle se distingue du mâle, comme l'a fait remarquer le premier, M. Fauvel, notre savant secrétaire de la Société Française d'Entomologie, par le bord des élytres, frangé de longs cils flavescents, dans sa dernière moitié. Dans un second essai, je n'ai obtenu aucun résultat et ayant examiné à la loupe tous les insectes morts, sur trente *Throscus*, je n'ai trouvé aucune femelle ; ce qui corrobore encore l'observation qu'avait faite M. Fauvel, que les femelles paraissaient beaucoup plus rares.

Pag. 128 **Elater** Er.

E. præustus F. — Le Creusot.

Pag. 139. **Malthinus** Latr.

M. bilineatus Ksw. — En fauchant sous bois, dans les environs de Gueunau, au mois d'août (AR).

Pag. 142. **Dasytes** Payk.

D. cæruleus F. — Le 15 mars de cette année, dans une coupe de la Forêt de Montchauvoise, j'ai fait provision de petites branches vermoulues de hêtre, renfermant des larves et surtout quantité de nymphes de coléoptères. Quinze jours après, le bocal dans lequel j'avais déposé ces branches, était rempli de *Dasytes cæruleus*. La nymphe de cet insecte est blanche, avec le dernier anneau de l'abdomen et les avants-derniers, noirs. L'abdomen se termine par un appendice poilu à deux dents relevées en dessus ; à la sortie de l'insecte, cet appendice devient noir et est abandonné avec la dépouille de la nymphe.

Pag. 151. **Cis** Latr.

C. laminatus Mell. — A supprimer.

Pag. 152. **Rhizopertha** Step.

R. pusilla F. — Le Creusot, (R).

Pag. 160. **Silaria** Mls.

S. bicolor Forst. — Le Creusot, sur une plante dans une carrière, au mois de juillet (R).

Pag. 161. **Seraptia** Latr.

S. dubia Ol. (*fusca* Latr.). — Cheilly! au mois de mai, en fauchant sur les bords de la route.

Anthicus Payk.

A. flavipes Panz. — Digoin! (Frère Augustalis).

Pag. 162. **Mecynotarsus** Laft.

M. rhinoceros F. — Digoin! (Frère Augustalis).

Pag. 165. **Anoncodes** Schmdt.

A. adusta Panz. — Cheilly! au mois de mai, en fauchant dans des terrains secs et arides.

Pag. 169. **Bruchus** L.

B. signaticornis Sch. — La Gravetière, près Autun, en fauchant un champ de trèfle, au mois de juin. Cette espèce, pourrait bien n'être qu'une variété du *sertatus* Illig.

B. sertatus Illig. — Le Creusot (R).

B. granarius L. (*atomarius* L.). — Assez commun sur les haies au mois de mai : ne pas confondre cet insecte avec le *granarius* Fabrs (*seminarius* L.).

B. variegatus Germ. — Buxy! (Cartier), où il paraît aussi rare qu'à Autun.

Pag. 173. — Supprimer le *Caulostrophus Delarouzei*, qui n'est pas de Saône-et-Loire.

Pag. 175. **Polydrosus** Gyll.

P. sparsus Gyll. — St-Maurice-lès-Couches! au mois de septembre, dans la mousse au pied d'un peuplier, sur les bords d'un ruisseau (Marchal).

Pag. 178. **Trachyphlœus** Germ.

T. squammulatus Ol. (*Olivieri* Bed.). — Mâcon ! (Guérin).

Pag. 182. **Rhytideres** Sch.

R. plicatus Ol. — Digoin ! au pied du réséda sauvage (Frère Augustalis).

Pag. 185 **Grypidius** Sch.

C. brunnirostris F. — Mâcon ! (Guérin).

Pag. 186. **Dorytomus** Germ.

D. hirtipennis Bed. (*flavipes* Bohm. Faust. *tæniatus* Thoms? *ictor* Herbst.). — Mâcon ! (Guérin).

Pag. 186. **Erirhinus** Germ,

E. bimaculatus F. — Mâcon ! (Guérin).

Pag. 187. **Tychius** Germ.

T. pusillus Bris. — Le Creusot (R).

T. curtus Bris. — Le Creusot (R).

Pag. 188. **Sibynes** Sch.

S. primitus Herbst. — Sur une ombellifère, en septembre, à Dracy-lès-Couches (Marchal).

Pag. 189. **Miarus** Steph.

M. micros Germ. — Le Creusot, un seul exemplaire.

Pag. 191. **Apion** Herbst.

A. onopordi Kirb. — Mâcon ! (Guérin).

Pag. 207. **Acalles** Sch.

A. *lemur* Germ. — Le Creusot (R).

Pag. 209. **Rhyncolus** Creutz.

R. chloropus F. — Le Creusot (R).

Pag. 210. **Hylesinus** Er.

H. oleiperda F. — Le Creusot (R).

Pag. 245. **Aphthona** Chevl.

A. atrovirens Forst. (*tantilla* Foudr.). — Saint-Maurice-lès-Couches (Marchal).

Pag. 248. — Supprimer *Psylliodes cucullata.*

ERRATA

Page 8, ligne 6, au lieu de *Demetrias* bon., lire *Demetrias* Bon.
Page 10, ligne 3, au lieu de *eu*, lire *en*.
Page 12, ligne 3, au lieu de *château*, lire *Château*.
Page 15, ligne 21. au lieu de *Çouches*, lire *Couches*.
Page 16, ligne 13, lire : *sous les pierres : assez commun partout, dès le printemps.*
Page 17, ligne 16, au lieu de (*R*., lire (*R*).
Page 23, ligne 18, au lieu de TRICHIDÆ, lire TRECHIDÆ.
Page 26, ligne 29, au lieu de *Dytiscidœ*, lire *Dytiscidæ*.
Page 27, ligne 11, au lieu de variété *O conformis*, lire variété femelle *conformis*.
Page 32, ligne 16, au lieu de *Orectochilus Laed*, lire *Orectochilus Lacd*.
Page 34, ligne 26, au lieu de *Chœtarthria*, lire *Chætarthria*.
Page 36, ligne 8. au lieu de *synonime*, lire *synonyme*.
Page 38, ligne 12, au lieu de *polita* Knv., lire *polita* Ksw.
Page 41, ponctuer la 1re ligne comme suit : *B. dorsalis* F. — Avec le *pilula*, sous...
Page 41, ligne 8. au lieu de *daus*, lire *dans*.
Page 43, ligne 7, au lieu de *Illig.* (*AC*), lire *Illig*. — (*AC*).
Page 43, ligne 24. au lieu de *Mycethophagus* Heler, lire *Mycetophagus* Helw.

Page 47, ligne 7, avant *Alexia* Steph., ajouter :

10° FAMILLE MYCETÆIDÆ.

Page 47, ligne 27, lire 10° *bis* FAMILLE.
Page 54, ligne 29, au lieu de *cœruteus*, lire *cæruleus*.
Page 54, ligne 31, au lieu de *viridiceus*, lire *viridescens*.
Page 56, ligne 19, au lieu de Mâcon? lire Mâcon!
Page 56, ligne 20, au lieu de *Anomœcera*, lire *Anomæocera*.
Page 57, ligne 16, au lieu de PHLŒOCHARIDŒ, lire PHLŒOCHARIDÆ.
Page 57, ligne 21, au lieu de PROTEINIDŒ, lire PROTEINIDÆ.
Page 58, ligne 12, au lieu de *Creusot* (*R*) ??, lire *Creusot!* (*R*).
Page 64, ligne 5, au lieu de *snr*, lire *sur*
Page 64, ligne 6, au lieu du *Dianoüs* Pam., lire *Dianoüs* Sam.
Page 66, ligne 28, au lieu de (A), lire (C).
Page 69, ligne 12, au lieu de *rufficollis*. — lire *ruficollis* F.—
Page 71, ligne 26, *uettre une virgule après rufa*,
Page 71, ligne 29, au lieu de *les* lire *les*.
Page 73, ligne 21, au lieu de *st*, lire *et*.
Page 78, ligne 15, au lieu de *Ancylophorus*, lire *Ancyrophorus*.
Page 83, ligne, 12, au lieu de *Misetta*, lire *Misella*.
Page 83, ligne 14, au lieu de *aliéna*, lire *aliena*.
Page 84, ligne 34, au lieu de *noir*, lire *noire*,
Page 86, ligne 12, au lieu de *Colodera*, lire *Calodera*.
Page 89, ligne 11, au lieu de *F—F*., lire *F*. — *Très commun*.
Page 95, ligne 20, au lieu de *Scydemenus*, lire *Scydmænus*.
Page 98, ligne 30, au lieu de *puntulatum*, lire *punctulatum*,
Page 101, ligne 26, au lieu de *creuées*, lire *creusées*.
Page 103, ligne 19, au lieu de *O. fumatus*, lire *C. fumatus*.
Page 106, ligne 8, au lieu de *Guérin* :, lire *Guérin* ??
Page 107, ligne 9, au lieu de *P. purpurascens*, lire *H. purpurascens*.
Page 109, ligne 16, au lieu de *seriepunctatus*, lire *semipunctatus*.
Page 109, ligne 25, au lieu de *Loire*, lire *Saône*.
Page 119, ligne 20, au lieu de *Amisoplia*, lire *Anisoplia*.
Page 126, ligne 25, au lieu de *sur les joncs (R)?* lire *sur les joncs (R)*.
Page 134, ligne 24, au lieu de *commun*, lire *commune*.

Page 135, entre les lignes 15 et 16, ajouter : *Drilus* Ol.
Page 136, ligne 2, au lieu de *ont*, lire *on*.
Page 137, ligne 20, au lieu de *violaceas*, lire *violacea*.
Page 145, ligne 23, au lieu de *xilophayes*, lire *xylophages*.
Page 149. ligne 19, au lieu de *manum*, lire *nanum*.
Page 150, ligne 2, au lieu de (*Abbé Cornu*)??, lire (*Abbé Cornu*)
Page 152, ligne 6, au lieu de *mais en* lire *mais*.
Page 152, ligne 21, au lieu de *Ténébroniens*, lire *Ténébrioniens*
Page 168, ligne 10, au lieu de *bornatus*, lire *ornatus*.
Page 169, ligne 3, au lieu de *granarius* L., lire *granarius* Fahrs.
Page 176, ligne 18, au lieu de *synonime*, lire *synonyme*.
Page 180, ligne 2, au lieu de *Myorhinius*, lire *Myorhinus*.
Page 183, ligne 26, au lieu de *Ol. fallax Bohm*), lire *Ol.* (*fallax Bohm*).
Page 185, ligne 25, au lieu de *Gripidius*, lire *Grypidius*.
Page 188, ligne 3, au lieu de *variété la genistæ*, lire *variété genistæ*.
Page 189, ligne 2, au lieu de *Scrophulaire*, lire *Scrofulaire*.
Page 190, ligne 9 id. id. id.
Page 189, ligne 23, au lieu de *Schænherri*, lire *Schœnherri*.
Page 197, ligne 14, au lieu de *mars et juin*, lire *mai et juin*.
Page 201, ligne 20, au lieu de *Cœliodies*, lire *Cœliodes*.
Page 204, ligne 13, au lieu de *dispose*, lire *dépose*.
Page 206, ligne 26, au lieu de *Chryptorhynchus*, lire *cryptorynchus*.
Page 209, ligne 9, au lieu de *trou*, lire *tronc*.
Page 212, ligne 26, au lieu de *csmmun*, lire *commun*.
Page, 213, ligne 23, au lieu de *Thanmurgus*, lire *Thamnurgus*.
Page 217, ligne 19, au lieu de *Pæcilium*, lire *Pœcilium*.
Page 217, ligne 30, au lieu de *Hyotrupes*, lire *Hylotrupes*.
Page 223, ligne, 21, au lieu de *Anost Marchal*) lire *Anost* (*Marchal*).
Page 223, ligne 31, au lieu de *M-A. gr... Mls*, lire *A. M-griseum Mls*.
Page 224, ligne 12, au lieu de *Anœsthetis*, lire *Anæsthetis*.
Page 246, ligne 30, au lieu de *scrofhulaire*, lire *scrofulaire*.
Page 251, ligne 1, au lieu de *bipustalutus*, lire *bipustulatus*.

TABLE DES GENRES

A

	Pages.		Pages.
Abdera	158	Amara.	17
Abræus.	108	Amphibolus.	150
Absidia.	138	Amphicyllis.	101
Acalles.	207	Amphimallus.	118
Acanthoderes.	223	Anærea.	224
Achenium.	70	Anæsthetis.	224
Acidota.	60	Anaglyptus.	220
Acilius.	27	Anaspis.	160
Acinopus.	13	Anatis.	254
Acmæodera.	123	Anchomenus.	22
Acmæops.	228	Ancistronycha.	137
Acritus.	109	Ancyrophorus.	78
Acupalpus.	14	Anisodactylus.	13
Adalia.	251	Anisoplia.	119
Adimonia.	240	Anisorhynchus.	179
Adonia.	251	Anisosticta.	251
Adoxus	235	Anisotoma.	102
Adrastus.	130	Anisoxya.	158
Ægosoma.	215	Anobium.	149
Agabus.	28	Anomæocera.	56
Agapanthia	226	Anomala.	119
Agathidium.	101	Anoncodes.	265
Agelastica.	240	Anoplodera.	229
Aglenus.	52	Anoplus.	187
Agonum.	22	Anoxia.	118
Agrilus.	125	Anthaxia.	125
Agriotes.	130	Antherophagus.	45
Alaobia.	86	Anthicus.	161
Albana.	223	Anthobium.	58
Aleochara.	90	Anthocomus.	141
Aleuonota.	86	Antholinus.	141
Alexia.	47	Anthonomus.	198
Alianta.	87	Anthophagus.	61
Allonix.	145	Anthrenus.	41
Alophus.	172	Anthribus.	171
Altica.	241	Apatelus.	15
Amalus.	200	Aphanisticus.	126

	Pages.
Aphodius.	113
Aphthona.	245
Apion.	190
Aplocnemis.	143
Apoderus.	195
Apteropoda.	248
Aromia.	215
Arthrolips.	100
Asemum.	218
Asida.	153
Astynomus.	222
Athous.	132
Athomaria.	46
Attagenus.	43
Attelabus.	195
Auletobius.	198
Aulonium.	52
Autalia.	92
Axinotarsus.	141

B

Badister.	11
Balaninus.	199
Balanomorpha.	243
Baptolinus.	71
Baridius.	207
Barynotus.	172
Batrisus.	94
Bembidium.	24
Berosus.	33
Bitoma.	52
Blaps.	153
Blastophagus.	211
Blechrus.	9
Bledius.	63
Blethisa.	3
Bolitobius.	78
Bolitochara.	91
Bostrichus.	152
Bothynoderes.	182
Brachida.	83
Brachinus.	7
Brachonyx.	186
Brachyderes.	173
Brachypterus.	56

	Pages.
Brachytarsus.	170
Bradybatus,	199
Bradycellus.	14
Brontes.	51
Broscus.	12
Bruchus.	168
Bryaxis.	93
Brychius.	31
Bubas.	112
Byrrhus.	40
Bythinus.	93
Byturus.	44

C

Caccobius.	112
Calandra.	208
Calathus.	21
Callicerus.	86
Callidium.	217
Callistus.	10
Calodera.	86
Calosoma.	4
Calvia.	254
Cantharis.	163
Capnodis.	124
Carabus.	5
Cardiophorus.	129
Carilia.	228
Carpophilus.	56
Cartodere	49
Cassida.	249
Catops,	103
Caulostrophus.	173
Cephennium.	96
Cerambyx.	215
Cercus.	56
Cercyon.	35
Cerecoma.	163
Cerophytum.	127
Cerylon.	52
Cetonia.	122
Ceutorhynchus.	202
Chætarthria.	34
Charopus.	142
Chennium.	92

	Pages.
Chilocorus.	250
Chlænius.	11
Choleva.	103
Chrysobothris.	124
Chrysomela.	236
Cicindela.	1
Cilea.	80
Cionus.	189
Cis.	150
Cistela.	157
Cittobium.	150
Clambus.	101
Claviger.	94
Cleonus.	181
Clivina.	12
Clytra.	232
Clytus.	219
Cnemidotus.	31
Cneorhinus.	172
Coccidula.	256
Coccinella.	252
Cœliodes.	201
Colenis.	102
Colobicus.	52
Colobopterus.	112
Colon.	103
Colydium.	52
Colymbetes.	28
Comazus.	101
Compsidia.	225
Coninomus.	48
Conurus.	81
Coprimorphus.	112
Copris.	112
Coprophilus.	61
Coræbus.	124
Corticaria.	49
Corticarina.	49
Cortodera.	229
Corylophus.	100
Corymbites.	131
Corynetes.	146
Coryssomerus.	205
Cossonus.	209
Coxelus.	52
Crepidodera.	242
Criocephalus.	218
Crioceris.	232
Cryphalus.	212
Cryptarcha.	54
Crypticus.	153
Cryptobium.	70
Cryptocephalus.	233
Cryptohypnus.	128
Cryptophagus.	45
Cryptopleurum.	35
Cryptorhynchus.	206
Crypturgus.	212
Cteniopus.	157
Ctenonychus.	131
Cybister.	27
Cybocephalus.	54
Cychrus.	4
Cyclonotum.	36
Cymindis.	7
Cynegetis.	255
Cyphon.	134
Cyrtoscydmus.	95
Cytilus.	41

D

Danacæa.	143
Dascillus.	133
Dasycerus.	49
Dasytes.	142
Deleaster.	61
Demetrias.	8
Dendrophilus.	108
Dermestes.	42
Diachromus.	13
Dianoüs.	64
Diaperis.	154
Dictyopterus.	137
Dinaræa.	88
Dinarda.	89
Diodesma.	52
Diodyrrhynchus.	196
Dolicaon.	69
Dolichosoma.	143
Dolopius.	130
Donacia.	231

	Pages.
Dorcus.	122
Dorytomus.	186
Drapetes.	126
Drilus.	135
Dromius.	8
Drusilla.	89
Dryocœtes.	213
Dryophilus.	148
Dryophthorus.	209
Dryops.	165
Drypta.	6
Dupophilus.	40
Dyschirius.	13
Dytiscus.	27

E

Ebæus.	142
Elaphrus.	2
Elater.	127
Eledona.	154
Elleschus.	188
Elmis.	39
Elodes.	133
Emus.	72
Encephalus.	82
Endomychus.	257
Enedrentes.	171
Engis.	45
Enicmus.	48
Enicopus.	142
Ennearthron.	151
Enneatooma.	150
Epicometis.	121
Epilachna.	255
Epistemus.	47
Epithrix.	243
Epuræa.	55
Eremosis.	239
Erichsonius.	74
Erirhinus.	186
Ernobius.	149
Eryx.	157
Esolus.	39
Englenes.	161
Eumicrus.	96

	Pages.
Euplectus.	92
Eupleurus.	112
Euryporus.	78
Euryusa.	90
Evæsthetus.	64
Exocentrus.	223
Exochomus.	251

F

Falagria.	91
Feronia.	18

G

Galleruca.	240
Gastrophysa.	239
Geotrupes.	115
Gibbium.	148
Gnathoncus.	109
Gnorimus.	121
Gnypeta.	87
Gonioctena.	238
Gracilia.	220
Grammoptera.	230
Grypidius.	185
Gymnetron.	190
Gymnopleurus.	111
Gyrinus.	32
Gyrophæna.	82

H

Habrocerus.	80
Haliplus.	31
Hallomenus.	158
Halyzia.	254
Haploderus.	62
Harmonia.	253
Harpalus.	15
Helochares.	34
Helophorus.	36
Helops.	156
Heptaulacus.	114
Hermæophaga.	242
Herophila.	222

	Pages.
Hesperophanes.	218
Hetærius.	108
Heterhelus.	261
Heterocerus.	38
Heterostomus.	261
Hippodamia.	251
Hispa.	249
Hister.	106
Hololepta.	106
Homalota.	83
Hoplia.	120
Hydaticus.	27
Hydræna.	37
Hydrobius.	33
Hydrochus.	37
Hydrocyphon.	134
Hydrophilus.	33
Hydroporus.	29
Hydroüs.	33
Hylastes.	210
Hylecœtus.	144
Hylesinus.	210
Hylobius.	184
Hylotrupes.	217
Hylurgus.	210
Hypera.	180
Hyperaspis.	251
Hyphebæus.	142
Hyphydrus.	30
Hypnophila.	248
Hypocyptus.	82
Hypophlœus.	155

I

Ilybius.	28
Ilyobates.	86
Ips.	54
Ischnomera.	165
Isomira.	157

J

Judolia.	228

L

	Pages.
Laccobius.	34
Laccophilus.	29
Lacon.	127
Læmophlæus.	51
Lagria.	165
Lamia.	222
Lampra.	124
Lamprosoma.	233
Lampyrys.	136
Langelandia.	48
Lareynia.	39
Larinus.	182
Lasia.	255
Latridius.	48
Lathrimæum.	60
Lathrobium.	69
Lebia.	9
Leistotrophus.	72
Leistus.	4
Lema.	232
Leptaciuus.	71
Leptidea.	221
Leptinus.	103
Leptolinus.	71
Leptura.	228
Lepturoides.	133
Lepyrus.	184
Lesteva.	60
Leucosomus.	181
Licinus.	12
Lignyodes.	188
Limexylon.	144
Limnebius.	33
Limobius.	181
Limonius.	129
Lina.	238
Liodes.	102
Lionychus.	9
Liophlœus.	172
Liopus.	222
Liosomus.	179
Lissodema.	166
Litargus.	44
Lithocharis.	68

Pages.

Lixus. 183
Lomechusa. 89
Longitarsus. 245
Loricera. 11
Lucanus. 122
Ludius. 131
Luperus. 241
Lycoperdina. 257
Lyctus. 151
Lygistopterus. 136

M

Macronychus. 40
Magdalinus. 185
Malachius. 140
Maladera. 119
Malthinus. 139
Malthodes. 140
Marolia. 158
Mazoreus. 10
Mecinus. 187
Mecynotarsus. 265
Megacronus. 79
Megapenthes. 128
Megarthrus. 58
Megaspis. 182
Megasternum. 35
Megatoma. 42
Melandrya. 158
Melanotus. 127
Melasis. 127
Meligethes. 54
Meloë. 162
Melolontha. 117
Mesosa. 224
Metabletus. 9
Metallites. 174
Metopius. 130
Miarus. 189
Miccotrogus. 188
Micraspis. 253
Microcara. 134
Micropeplus. 57
Microzoüm. 153
Millidium. 98

Pages.

Minotaurus. 115
Minyops. 178
Molorchus. 221
Molytes. 179
Mononychus. 201
Monotoma. 50
Mordella. 160
Mordellistena. 160
Morimus. 222
Moronillus. 100
Morychus. 41
Murmidius. 260
Mycetæa. 47
Mycetochares. 157
Mycetophagus. 43
Mycetoporus. 79
Mycterus. 166
Myorhinus. 180
Myrmedonia. 88
Myrmekixenus. 47
Myrrha. 254
Myzia. 254

N

Nanophyes. 188
Nebria. 3
Necrobia. 146
Necrodes. 105
Necrophorus. 105
Necydalis. 221
Nemonyx. 196
Nitidula. 56
Nosodendron. 41
Noterus. 29
Notiophilus. 3
Notothecta. 88
Notoxus. 162

O

Oberea. 225
Obrium. 220
Ocalea. 86
Ochina. 150
Ochthebius. 37

	Pages.
Octotemnus.	151
Ocyusa.	88
Odontæus.	115
Œdemera.	165
Olibrus.	99
Oligomerus.	149
Oligota.	83
Olisthopus.	21
Olophrum.	60
Omalisus.	137
Omalium.	59
Omaloplia.	119
Omias.	178
Omophlus.	156
Omophron.	3
Omosita.	55
Oniticellus.	112
Onthophagus.	111
Onthophilus.	108
Oodes.	12
Opatrum.	153
Opilus.	144
Opsilia.	226
Orchesia.	158
Orchestes.	205
Orectochilus.	32
Orina.	238
Orobitis.	207
Orthochætes.	179
Orthoperus.	99
Oryctes.	116
Osmoderma.	121
Othius.	70
Othophorus.	113
Othiorhynchus.	177
Oxylæmus.	261
Oxymirus.	227
Oxyomus.	115
Oxypoda.	87
Oxyporus.	63
Oxytelus.	62
Oxythyrea.	121

P

	Pages.
Pachybrachys.	235
Pachyta.	228
Pachytychius.	187
Pæderus.	69
Palorus.	155
Panagæus.	10
Paramecosa.	46
Parmena.	221
Parnus.	39
Paromalus.	108
Pediacus.	51
Pelobius.	31
Pentaphyllus.	154
Peritelus.	176
Phædon.	239
Phalacrus.	98
Pheletes.	129
Philhydrus.	34
Philonthus.	74
Philorinum.	60
Phlœcharis.	57
Phlæpora.	88
Phlœosinus.	211
Phosphænus.	136
Phosphuga.	104
Phratora.	239
Phyllobrotica.	240
Phyllobius.	176
Phyllopertha.	119
Phyllotreta.	243
Phymatodes.	217
Phytobius.	204
Phytæcia.	225
Phytonomus.	188
Phytosus.	90
Pidonia.	229
Pissodes.	184
Pityophagus.	53
Placusa.	83
Plagiodera.	239
Plagionotus.	219
Platycerus.	123
Platydema.	154
Platyderus.	21

	Pages.
Platynaspis.	255
Platypus.	214
Platyrhinus.	171
Platysoma.	106
Platysthetus.	63
Plectroscelis.	247
Plegaderus.	109
Pleurophorus.	115
Plinthus.	179
Pocadius.	54
Podabrus.	137
Podagrica.	243
Pœcilium.	217
Pogonocherus.	223
Polydrosus.	175
Polyopsia.	224
Polyphylla.	117
Polystichus.	7
Poophagus.	204
Prasocuris.	240
Pria.	55
Priobium.	148
Prionus.	211
Prionocyphon.	135
Pristonychus.	23
Procustes.	6
Propylea.	253
Proteinus.	57
Psammæcus.	261
Pselaphus.	94
Pseudochina.	150
Psilothrix.	143
Psylliodes.	247
Ptenidium.	98
Ptilinus.	150
Ptilium.	98
Ptinomorphus.	147
Ptinus.	147
Ptosima.	124
Purpuricenus.	216
Pyrochroa.	164
Pyrrhidium.	217

Q

Quedius.	77

R

	Pages.
Ramphus.	205
Rhagonycha.	139
Rhamnusium.	226
Rhinocyllus.	183
Rhinomacer.	196
Rhinosimus.	167
Rhinoncus.	201
Rhinusa.	190
Rhipiphorus.	159
Rhizobius.	256
Rhizopertha.	264
Rhizophagus.	53
Rhizotrogus.	118
Rhopalopus.	216
Rhynchites.	196
Rhyncolus.	209
Rhytideres.	266
Rosalia.	216

S

Sacium.	100
Salpingus.	166
Saperda.	224
Saprinus.	109
Scaphidema.	154
Scaphidium.	97
Scaphisoma.	97
Sciaphilus.	175
Scirtes.	135
Scimbalium.	70
Scolytus.	211
Scopæus.	68
Scraptia.	161
Scydmænus.	95
Scymnus.	255
Serica.	118
Sericoderus.	100
Sericosomus.	129
Sibynes.	188
Silaria.	160
Silpha.	104
Silusa.	90
Sinodendron.	123

	Pages.
Sipalia.	90
Sisyphus.	111
Sitaris.	164
Sitones.	173
Smicronyx.	187
Soronia..	55
Sospita.	254
Spavius.	45
Spermophagus.	168
Sphæridium.	36
Spæroderma.	248
Sphenophorus.	208
Staphylinus.	72
Stenaxis.	166
Stenelmis.	40
Stenocorus.	227
Stenolophus.	14
Stenopterus.	220
Stenostola.	225
Stenus.	64
Stephanocleonus.	182
Stilicus.	67
Stomis.	12
Strangalia.	229
Strenes.	179
Strongylus.	54
Strophosomus.	172
Stylosomus.	235
Sunius.	67
Sylvanus.	47
Symbiotes.	51
Syncalypta.	41

T

Tachinus.	79
Tachyporus.	80
Tachypus.	26
Tachys.	24
Tachyta.	24
Tachyusa.	86
Tanymecus.	173
Taphrorychus.	213
Tanysphyrus.	187
Taphria.	21
Tapinotus.	204

	Pages.
Tarsostenus.	145
Telephorus.	138
Telmatophilus.	47
Tenebrio.	156
Tetratoma.	157
Tetropium.	218
Teuchestes.	113
Thamiaræa.	88
Thamnurgus.	213
Thanasimus.	145
Thea.	253
Throscus.	263
Thyasophila.	90
Tillus.	145
Timarcha.	236
Tiresias.	42
Tomicus.	212
Toxotus.	227
Trachodes.	180
Trachyphlœus.	178
Trachys.	124
Trechus.	23
Tribolium.	155
Trichius.	121
Trichodes.	145
Trichopteryx.	97
Trinodes.	260
Triodonta.	119
Triphyllus.	44
Triplax.	44
Tritoma.	45
Troglops.	142
Trogoderma.	42
Trogophlœus.	62
Trogosita.	53
Tropideres.	170
Tropiphorus.	178
Trox.	116
Tychius.	187
Tychus.	93
Typhæ.	44

U

Uloma.	154
Urodon.	167

	Pages.
V	
Vadonia.	229
Valgus.	120
Velleius.	76
Vibidia.	255
X	
Xantholinus.	71
Xestobium.	148
Xyleborus.	213
Xyloterus.	212
Z	
Zabrus.	17
Zeugophora.	231

Creusot. — Typ. et Lith. G. Martel.

Extrait de la *Revue Française d'Ornithologie*. Nos 17 et 18, sept.-oct. 1910.

ALTÉRATIONS PRODUITES PAR LA CAPTIVITÉ SUR LES COULEURS DES OISEAUX

par Louis MAILLARD.

Le coloris du plumage des oiseaux éprouve, à l'état libre des modifications qui tiennent aux trois causes suivantes :

1o La mue ordinaire, qui consiste dans la chute et le renouvellement des plumes ;

2o La mue ruptile, c'est-à-dire la chute des extrémités des barbules, laissant à découvert une partie de la plume autrement colorée que la portion disparue.

3o Le changement de couleur pur et simple, *in situ*.

Quelle est l'influence de la captivité sur ces trois ordres de phénomènes ?

I. **Mue ordinaire.** — La mue produit sur les oiseaux de volière un changement tel, qu'avec un peu d'habitude on distingue du premier coup d'œil un sujet pris à l'état sauvage d'un sujet de même espèce, sexe et âge, dont le plumage s'est renouvelé en captivité. D'une manière générale les plumes perdent cet éclat, ce luisant qu'elles présentent chez la plupart des oiseaux et qui produit sur l'œil de l'observateur une sensation si agréable. A vrai dire, leur contexture reste à peu de chose près la même, tout au plus pourrait-on remarquer sur les plumes du corps une consistance un peu plus lâche qu'à l'état normal ; mais c'est là une modification à peine sensible. La modification importante paraît porter uniquement sur la pigmentation.

Toutes les couleurs ne subissent pas à un degré égal les effets dont nous nous occupons : les plus atteintes sont les rouges et les voisines du rouge. La modification ici va parfois jusqu'à la disparition complète ; c'est ainsi que les teintes carminées des linottes, des sizerins, disparaissent à la première mue que ces oiseaux subissent en captivité. Ordinairement, toutefois, l'influence n'est pas aussi profonde : par exemple, chez les Chardonnerets et les Bouvreuils, le rouge tend simplement à se laver de brunâtre ou même à devenir plus pâle. Il en est de même chez les nombreux oiseaux exotiques qui présentent du rouge dans le plumage : chez les Astrildiens, les Plocéidés, on remarque dès le renouvellement des plumes une tendance vers l'orangé-brunâtre.

Les couleurs brunes et blanchâtres sont déviées vers le noirâtre-sale, d'une façon souvent très sensible ; mais, chose curieuse, le blanc pur reste blanc : ainsi les parties blanches que l'on remarque sur les rémiges ou les rectrices de beaucoup d'espèces gardent cette couleur sans altération. (Exemple : bordures externes des rémiges de la Linotte ordinaire, taches ovales des barbes internes des premières rectrices du chardonneret), tandis que les couleurs simplement blanchâtres des mêmes oiseaux (exemple : partie des sus-caudales des espèces qui viennent d'être citées) tournent très nettement au brun-clair.

Observation encore plus étrange : les téguments autres que les plumes, qui, en liberté, présentent des teintes brunes foncées, pâlissent au contraire jusqu'à devenir presque blancs : c'est ainsi que le bec et les tarses de la plupart des petits passereaux perdent leur couleur cornée pour prendre une teinte très claire qui, sur les tarses, tourne au rose, en laissant apercevoir par transparence et d'une manière indistincte, la coloration des vaisseaux et tissus sous-cutanés. Toutefois, ce n'est pas là une règle absolue : elle comprend la grande majorité des cas, mais comporte des exceptions, et l'auteur de ces lignes possède actuellement un Pinson commun dont les tarses, malgré une mue effectuée en captivité, présentent encore aujourd'hui la couleur brun très foncé naturelle à cette espèce.

Le jaune, le vert et le bleu subissent très peu d'altérations : les oiseaux ornés de ces couleurs, qu'ils soient indigènes, comme les Paridés, ou exotiques, comme les Psittacidés, ne voient pas leur aspect sensiblement modifié par la mue, sauf en cas de maladie pendant la durée de ce phénomène : les teintes sont alors pâlies d'une façon très marquée.

Quant aux couleurs métalliques, les observations, malheureusement un peu trop rares, que j'ai pu faire, tendraient à démontrer qu'elles restent indemnes ; parmi les Gallinacés, on peut constater que les Thaumalés, les Lophophores, ou parmi les Passereaux, les Merles bronzés, le *Spermestes cucullata*, conservent leur éclat caractéristique. On sait d'ailleurs que la coloration à reflets est due non pas à une pigmentation, mais bien à une disposition spéciale des barbules qui décompose la lumière solaire. Or, comme on l'a remarqué au début de ces observations, la captivité semble affecter surtout les pigments et très peu la structure même des plumes.

II. Mue ruptile. — Ce phénomène est atténué par la captivité dans des proportions telles qu'il passe complètement inaperçu : à peine vers la fin de l'été peut-on observer une très légère usure de l'extrémité des barbules, usure du reste irrégulière, tandis que les effets de la mue ruptile sont remarquables par leur régularité et leur symétrie.

Il existe donc une dissemblance souvent très importante entre l'oiseau en captivité et l'oiseau de même espèce capturé en plumage de printemps. La couleur chez le premier, sauf les modifications plus haut décrites, existe bien, mais elle est dissimulée sous les bordures des plumes : on le constate en tondant ces bordures avec précaution. En quelques coups de ciseaux, on changera les teintes verdâtres d'un bruant en un jaune éclatant et de même en bleu-gris la couleur brune de la tête du pinson. C'est là une petite opération que j'ai pour ma part très souvent pratiquée, et dont le résultat est saisissant.

III. Transformation « in situ ». — Les changements de teinte qui se produisent dans la substance même de la plume ne sont affectés par la captivité que dans une assez faible mesure. Les modifications qui en résultent n'ont donc pas l'importance des effets signalés à propos des deux premiers ordres de phénomènes. On peut leur appliquer, dans des proportions réduites, les règles qui ont été indiquées ci-dessus à propos de la mue ordinaire. Les couleurs rouges, bien que leur éclat augmente au cours du printemps et de l'été, ne deviennent jamais aussi brillantes qu'à l'état sauvage, les teintes brunes qui, normalement, devraient s'éclaircir, restent au contraire trop noirâtres, etc. On peut le vérifier sur les divers oiseaux d'observation courante déjà cités (Chardonnerets, Pinsons, etc.).

Quelle est la nature de l'influence exercée par la captivité sur la coloration des oiseaux ? Il m'a semblé que la principale cause résidait dans le manque de lumière. J'ai observé des oiseaux de même espèce à Paris dans des rues obscures et à la campagne à exposition ensoleillée. Les différences sont frappantes. La nourriture, par contre, ne m'a paru jouer qu'un rôle assez restreint et pour ainsi dire indirect, par l'affaiblissement résultant d'une alimentation insuffisante.

Mais quelle qu'en soit la cause, ces phénomènes présentent, à défaut d'une constance absolue, du moins une régularité suffisante pour permettre d'élucider dans beaucoup de cas la question qui se pose lors de la capture de sujets rares ou d'apparition exceptionnelle : l'oiseau n'est-il pas un échappé de volière ? Et c'est pourquoi l'étude des modifications produites par la captivité présente un certain intérêt puisqu'elle peut contribuer à la détermination plus exacte de la faune ornithologique propre à chaque région.

Orléans Imp. H. Tessier, 56, rue des Carmes.

www.ingramcontent.com/pod-product-compliance
Lightning Source LLC
Chambersburg PA
CBHW070234200326
41518CB00010B/1555
* 9 7 8 2 0 1 9 5 7 0 0 8 8 *